来自巴黎的家庭烘焙书

〔日〕安默杰 著　　陈昕璐 译

南海出版公司
2018 · 海口

TOKYO
PARIS

前 言

七年前我在巴黎开始了我的厨师生涯。

我在一家日本餐厅工作，最初负责做前菜和甜点。

在每天的工作过程中，我对甜点制作越发感兴趣，于是买来各种烘焙书学习。

刚开始的时候做不成漂亮精致的甜点，经常失败，但我会不断地尝试，直到成功为止。

我想告诉大家新手也能做好甜点的要领，或是教大家简单易做的甜点食谱。这一想法在我脑海中强烈涌动。

怀抱这一愿望，我从2014年开始在博客上发布甜点食谱，上传制作美食的视频。

这本书详细补充了博客里没能介绍完的步骤事项。

我在书里仔细说明了新手容易失败的地方和成功的关键点。

自己从失败中学到的经验、前辈和甜点师传授给我的技巧，我都毫无保留地一一写在书中。

不管您是学习甜点制作的新手，还是希望能进一步做出更正宗的甜点的人。请您一定参照这本书进行甜点制作。如若对您有所帮助，我将不胜欢喜。

1 PART 流行甜点 8

PART 经典甜点 54

Column

本书的使用方法

* 计量单位：1小勺=5ml，1大勺=15ml。
* 书中所记烤箱烘烤时间，只是参考标准。因为模具的大小、深浅，烤箱的型号都有差别，所以请根据您使用的烤箱来调整时间。
* 本书中使用的微波炉功率为600W。

日本原版图书工作人员（均为日籍）

拍摄 / EMOJOIE

设计 / 林阳子（Sparrow Design）

校对 / 麦秋艺术中心

编辑 / 细川润子

合作规划 / 山内麻衣

1 PART 流行甜点

本章为您介绍当下法国流行的蛋糕，还有在日本受欢迎的甜点。
添加了时令水果和家乡风味的甜点，精致漂亮且种类繁多。
学会了零失败的甜点食谱，做甜点时会变得更开心，
每天的生活也会变得丰富多彩。

COCONUT PANNA COTTA MANGO SAUCE

意式椰子布丁
配杧果酱

意式椰子布丁
配杧果酱

使用椰子和杧果做出有浓浓夏日感觉的意式布丁。
意式布丁是一种起源于意大利的甜点。
这款布丁是将煮过的鲜奶油用吉利丁片凝固做成的。
用椰浆代替鲜奶油，减少热量的同时还能美容养颜，
是一款非常健康的甜点。
提前泡发吉利丁片，十分钟之内就可以做好。
做法简单，风味浓郁纯正。
放进玻璃杯中，凝固后就可以直接端上餐桌了。

材料（玻璃杯，4个份）

牛奶…250ml
椰浆…150ml
*或者用250ml椰奶+150ml鲜奶油代替。
砂糖…40g
吉利丁片（或吉利丁粉）…4g
*吉利丁片泡在水里膨胀软化。
如用吉利丁粉，加1大勺水使其吸水膨胀。

杧果酱

杧果…100g（果肉）
砂糖…10g
柠檬汁…1大勺
水…2大勺

意式布丁的制作方法

1

把吉利丁片泡在水里吸水膨胀。牛奶、椰浆、砂糖放入碗中。

2

将盛有牛奶、椰浆、砂糖的碗用微波炉加热2分30秒～3分钟。吉利丁片用微波炉加热10～20秒，使其溶化。

INFORMATION

椰浆是榨取椰肉制成的，比椰奶脂肪含量高，也更醇厚。椰浆含有的脂肪中，有大量可提高新陈代谢的“中链脂肪酸”，非常有益于健康。

3

混合，用打蛋器充分搅拌。

4

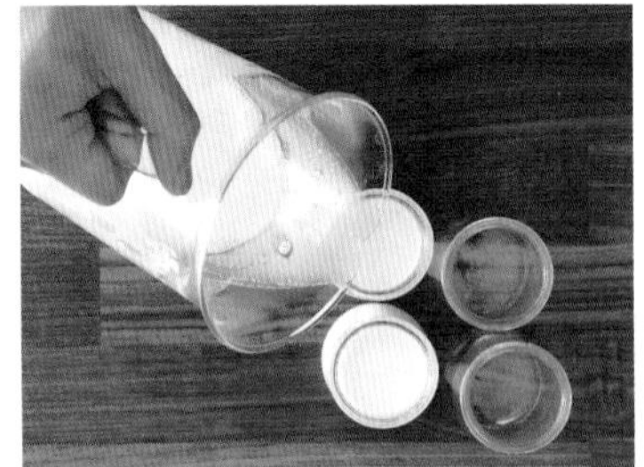

做好后倒入玻璃杯中，放入冰箱冷藏4小时。

杧果酱的制作方法

1

把杧果果肉切成小丁。

2

杧果丁放入碗中，加入柠檬汁和水。

3

放入砂糖后大致拌一下，然后用微波炉加热1分30秒～2分钟。

4

用勺子搅拌、轻轻捣碎一些，使其变成果酱，再放进冰箱里冷藏。

POINT

果肉散发着水果的清新感，轻轻捣碎切成小丁的杧果肉，做成杧果酱。做好后不必过滤，很方便。没有杧果的时候，用菠萝、奇异果、草莓等水果代替也很美味。

完成

1

待意式布丁完全凝固后，把布丁和杧果酱从冰箱里拿出来。

2

在布丁上面淋上杧果酱。

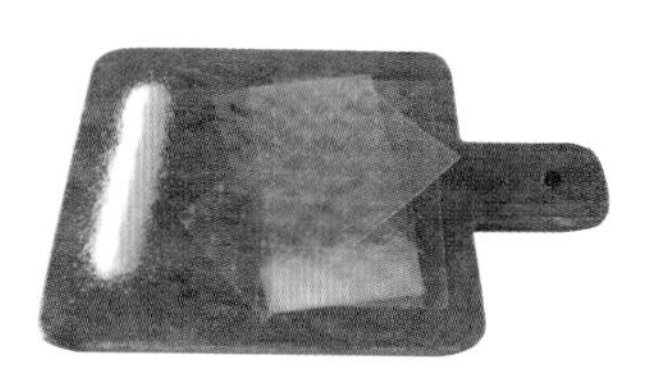

吉利丁片和吉利丁粉

吉利丁有片状的也有粉状的，两者都不会影响使用后的透明度，也能保持稳定。使用吉利丁粉需要加入4～5倍的水膨胀软化。吉利丁片不必具体量水量，只需用没过吉利丁片的水浸泡即可。使用吉利丁片时要注意，用水浸泡发胀时不能一下全部放入，要一片一片地放。吸水膨胀后要轻轻拧干一下水再使用。之后的使用方法和吉利丁粉相同。

BANANA AND COCONUT YOGURT ICE CREAM

香蕉椰子酸奶冰淇淋

RECIPE

2

香蕉椰子酸奶冰淇淋

健康又受欢迎的酸奶冰淇淋。
用香蕉做这款简单又美味的冰淇淋，
添加和香蕉绝配的椰浆，风味愈加浓郁。
如果有食物料理机，做出的冰淇淋会更顺滑细腻。
如果没有椰浆，可用鲜奶油代替。
放入杯子或蛋卷中，再搭配上饼干，
充分享受摆盘的乐趣。

材料（6个份）

香蕉…2根
蜂蜜…40g
无糖原味酸奶…200g
椰浆（或者鲜奶油）…100ml

制作方法

1

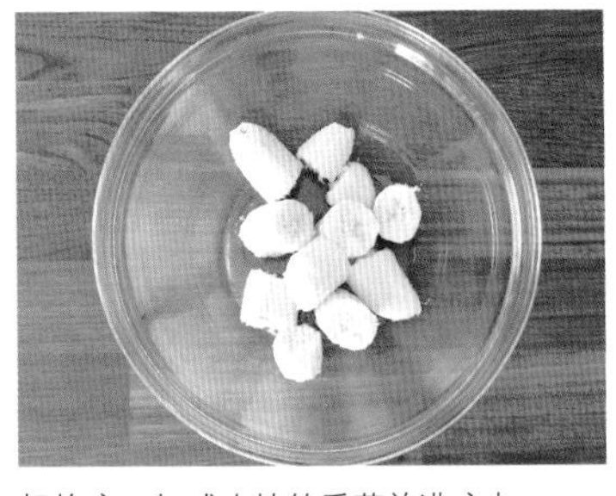

把蜂蜜、切成小块的香蕉放进碗中。

2

用叉子把香蕉捣烂。

3

放入酸奶、椰浆，搅拌混合后放入冷冻室中。

4

2小时后从冷冻室中取出，再搅拌混合。这个过程重复两次，使其冷却凝固。

5

合计冷冻时间达到约6小时后取出，用叉子搅拌直到硬度适宜。

6

用食物料理机搅拌后，口感会变得更顺滑。

7

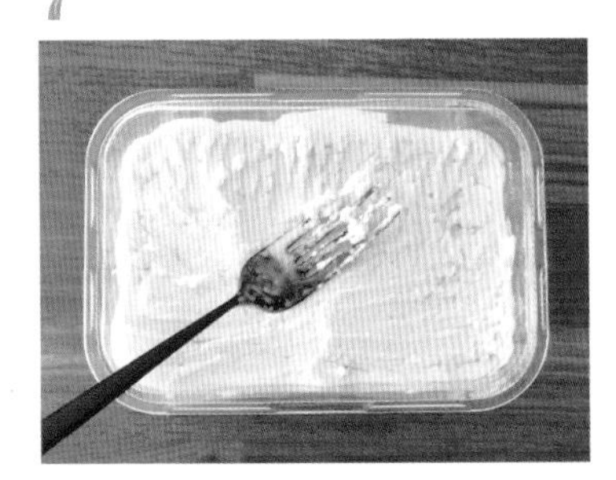

搅拌好后盛入容器里整理平整。

POINT

直接吃也很好吃，根据喜好，可以再放进冰箱里冷冻1～2小时，会冻得更硬一些。

8

做好后，用冰淇淋挖球器把冰淇淋盛到杯子或蛋卷里。

Column

零失败的要领

准备和计量很重要

刚开始做甜点时，准备工作非常重要。干净的器具、模具、烘焙纸、裱花袋、裱花嘴以及食材的计量等，制作前要把一切都准备好。

这是因为在制作甜点时，时机很重要。例如，如果做好海绵蛋糕的面糊后，再往模具上贴烘焙纸，加热烤箱，就会错失面糊的最佳状态。

使用干净的器具不仅是为了卫生干净，也是成功制作甜点的要素，尤其在做蛋白霜时，油分是大敌。制作蛋白霜时，请使用不锈钢碗或玻璃碗。塑料碗不管如何彻底清洗，都不能完全去除油分。一旦有油分残留，蛋白不管打发多久也做不出坚挺的蛋白霜。但如果使用干净的器具，制作蛋白霜就非常简单了。

此外，制作甜点时还要求精确度。

材料的比例会影响成品，所以不能像做菜一样用现有的食材边尝边做。做之前要确认材料是否齐备，然后按照食谱要求，仔细计算好用量。

推荐能精确到1g的厨房用电子秤，如果没有则尽量使用精确度高的计量工具。准确计量出一大勺、一小勺平满的量也很重要。

量杯（右上），量勺（左上），电子秤（最前）。电子秤是可以精确到1g的厨房用电子秤。

LEMON MERINGUE TART

柠檬蛋白挞

柠檬蛋白挞

这款挞在法国流行已久，人气始终不减。
柠檬的酸味融合蛋白糖霜的甜味，
挞皮的酥脆感搭配蛋白霜的顺滑口感，实在令人上瘾。
挞皮的面团可以有很多种，这次做的是甜挞皮（Paato Sucre）。
“paato”是用小麦粉做的面团，“sucre”是砂糖的意思。
就像它的名字一样，这款挞皮酥脆又香甜。
蛋白霜用“瑞士蛋白霜”，打发时需要隔水加热。
用隔水加热的方法可以做出浓稠、稳定性强的蛋白霜，
口感润滑，仿佛棉花糖一般。
做好后用喷枪上色，不仅美观，
而且烧出的香味也是点睛之笔，口感更佳。

材料（直径18cm的挞模，1个份）

甜挞皮

无盐黄油…60g
糖粉…50g
全蛋…1/2个（25g）
低筋面粉…125g

柠檬凝乳

砂糖…120g
玉米淀粉…30g
蛋黄…2个
牛奶…200ml
柠檬皮碎（1个柠檬的量）
柠檬汁…100ml（2个柠檬的量）
无盐黄油…50g

瑞士蛋白霜

蛋白…2个鸡蛋的量
砂糖…100g
天然香草精…1大勺（或香草油数滴）

甜挞皮的制作方法

1

把恢复至常温的黄油放进碗中，用刮刀搅拌。

2

加入糖粉后搅拌混合。

3

加入鸡蛋后继续搅拌。

*一般情况下要放入常温的鸡蛋，冷藏鸡蛋会使黄油凝固，蛋液和黄油无法融合在一起，导致水油分离。

4

放入筛好的低筋面粉，粗粗地搅拌一下。

5

整理面团。

6

用保鲜膜包好面团，放在冰箱里冷藏2小时以上。

7

需要的话稍微揉一下面，让面变软，然后轻轻撒上小麦粉。

8

用擀面杖把面团擀成圆片。

把面团翻过来，拿到模具上面时，用擀面杖把面团卷起来拿比较好。

面团比挞模半径长3cm左右。

9

把面团紧贴在挞模内部。

关键是要一边轻轻压着挞模的侧面，一边仔细地把面团贴上去。

10

用叉子在面团底部均匀地扎满洞。

11

在挞模上盖上铝箔纸，上面放上挞盘镇石，或者豆子、米等重物。

12

用预热到170℃的烤箱烤15分钟，拿开重物，再烤15分钟。多余的面团可以做成喜欢的形状，放在挞模的旁边一起烤，也可以做成饼干（烤15分钟即可）。

13

完成。

柠檬凝乳的制作方法

1

准备好柠檬皮（1个柠檬的量）和柠檬汁（2个柠檬的量）。柠檬用热水洗净，把1个柠檬的柠檬皮磨碎。

2

把柠檬对切开，将勺子插进柠檬里面，上下搅动把柠檬汁挤出来。

3

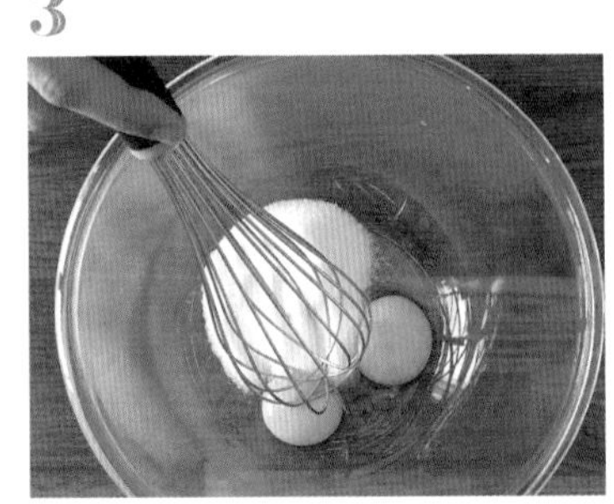

把一半砂糖和蛋黄放入碗中搅拌混合。

4

搅拌至发白后，放入玉米淀粉继续搅拌。

5

然后加入牛奶和剩下的一半砂糖，搅拌混合。

6

搅拌好后倒进锅中，用刮刀充分搅拌，同时开中火加热。

7

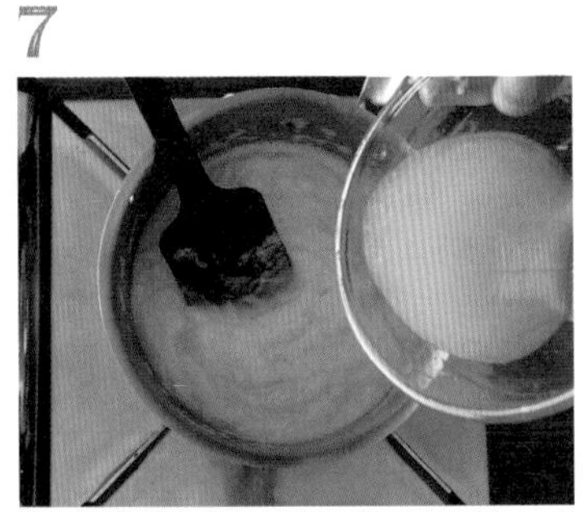

液体变黏稠后关火，加入柠檬汁、柠檬皮。

8

开小火加热，用刮刀搅拌以防煳锅，把柠檬凝乳煮沸。煮沸后继续搅拌，沸腾1分钟后关火。

9

放入冷黄油继续搅拌，让黄油溶化。

10

放在锅里稍微冷却一下，然后把柠檬凝乳倒入挞模中，整理平整后放入冰箱中冷却。

瑞士蛋白霜的制作方法

1

把蛋白、砂糖放入碗中隔水加热，一边用打蛋器搅拌混合，一边加热到约50℃。

POINT

如果没有温度计，则加热到蛋白不再黏稠为止。

2

加热到50℃后把碗从水中拿出，用电动打蛋器打出绵密的蛋白霜，再加入天然香草精。

完成

1

把蛋白霜倒入裱花袋中，在挞上面挤上蛋白霜。

2

用喷枪给蛋白霜上色。

..2

* 如果没有喷枪，用烤箱的最大火烤到蛋白霜出现微微烧焦的痕迹。或者不烤，直接享用也很美味。

柠檬削皮器

给柠檬削皮时使用的工具。它是microplane公司出品的食品工具，除了柠檬外，也可以用来切断多纤维的姜等。
也可以用它削奶酪，便利好用。

NOUGAT GLACE

法式牛轧糖冰淇淋

RECIPE 4

法式牛轧糖冰淇淋

牛轧糖是法国南部的代表性甜点，加入了蛋白霜、砂糖、坚果，像纯白柔软的奶糖一般。
把牛轧糖冷冻就做成了法式冰淇淋。
因为是冰淇淋，所以蛋糕店是买不到的，会在餐厅出售。
做冰淇淋一般需要用冰淇淋机或食物料理机。
手工制作时就必须放进冷冻室里半凝固，然后取出来搅拌混合，再冻上。反复进行如上操作。
但法式牛轧糖冰淇淋只要把牛轧糖放进模具或玻璃杯里，在冷冻室里冻一次即可完成。
冰淇淋中使用了含有蜂蜜的意式蛋白霜，
所以口感柔软，还有蜂蜜的香气和自然的甘甜，是一款十分美味的甜点。

材料（玻璃杯，6个份）

砂糖…25g
水…1大勺
杏仁…25g
蜂蜜…70g
蛋白…2个鸡蛋的量
鲜奶油…200ml

制作方法

1

制作焦糖。把砂糖、水放进锅中，开大火加热，沸腾后转中火。

2

稍微上色后将杏仁放进锅中，火开到最小。

3

等焦糖上色后关火。

4

把杏仁放到烘焙纸上面，摊开冷却。

5

变凉后用刀把杏仁切碎。

INFORMATION

在法语中，焦糖和坚果的混合物就是牛轧糖。

6

把鲜奶油倒入碗中，用搅拌器打发到八九分发，然后放进冰箱中。

7

蜂蜜倒入锅中，加热到约115℃。如果没有温度计，待沸腾后再开中火加热20秒。

将蜂蜜加热到起泡的程度。

8

关火后，马上开始打蛋白。

9

蛋白打至轻微起泡后，缓缓倒入热蜂蜜，一边倒蜂蜜一边继续打发蛋白。

10

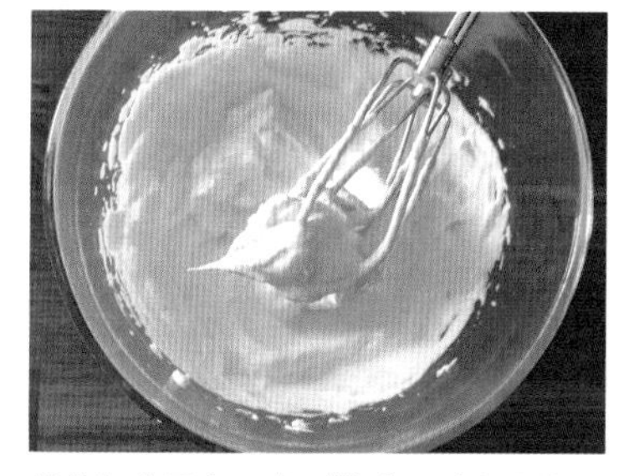

继续打发蛋白，直到做成细腻顺滑的蛋白霜，然后冷却至常温。

*用打蛋器用力打发，直到提起打蛋器可以拉起来角为止。

11

把冷藏过的鲜奶油放进蛋白霜里，搅拌混合。

12

再加入做好的牛轧糖

13

放入玻璃杯、小模子蛋糕杯或模具中，放进冷冻室一晚，使其冷冻凝固。

完成

搭配法式酥脆薄饼干（制作方法见p28）、碎开心果，会更加香醇美味。

法式酥脆薄饼干（Tuile Dentelle）

甜点名字里的“tuile”是法语中瓦片的意思，“dentelle”是花边的意思。

这款饼干极薄，几乎可以透过饼干看到另一边。

作为甜点的装饰，或搭配咖啡、红茶一起享用。

可享受到酥脆轻薄的口感与坚果的浓香。

材料（15个份）

低筋面粉…15g
砂糖…60g
水…1⅔大勺
熔化的黄油（无盐黄油或色拉油）…30g
坚果（开心果等）…30g

过筛后的低筋面粉、砂糖放入碗中，用打蛋器充分搅拌混合。

2

加入水，搅拌混合。

3

加入熔化的黄油，搅拌混合。

4

加入粗磨坚果碎。

5

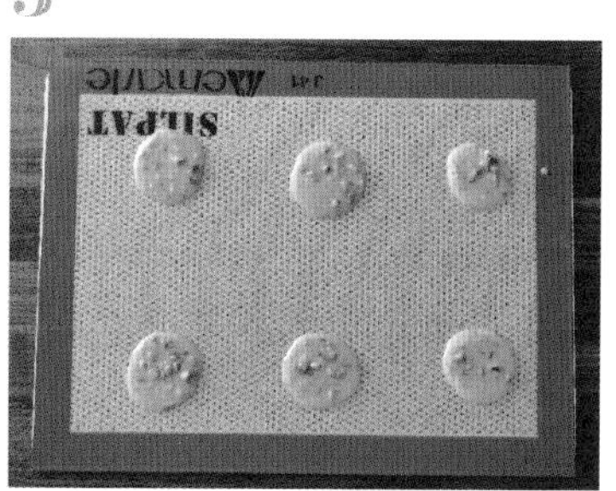

用勺子把面糊舀在硅胶垫板或烘焙纸上。

POINT

无须把面糊摊开。烤的时候面糊自然会膨胀。饼干会变成面糊的2倍大，所以放面糊时要留出足够大的间隔。
以1块板放6个为准。
如果烤出来的饼干太大也可分成喜欢的大小。

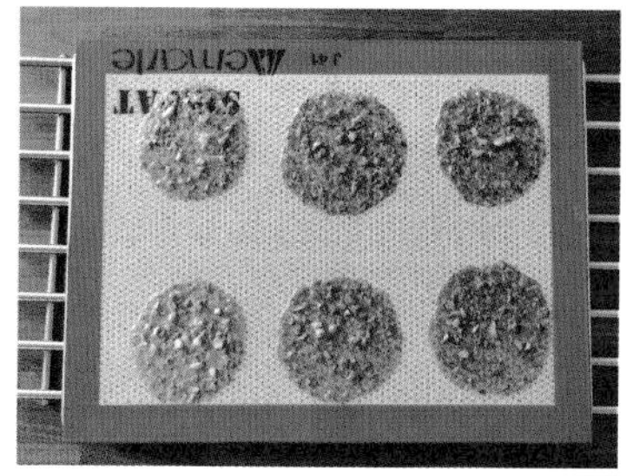

在预热到170℃～180℃的烤箱中烤8～10分钟，直到烤出漂亮的色泽。

7

烤好后置于常温下让饼干冷却，饼干变硬脆后从烘焙纸上揭下来。

GATEAU INVISIBLE AUX POMMES

苹果隐形蛋糕

苹果隐形蛋糕

发源于法国的隐形蛋糕，

法语叫作“Gateau Invisible”.

“Invisible”是透明的意思。

将大量的苹果薄片和面糊搅拌混合制作而成，

做好后苹果和蛋糕融为一体，苹果就看不见了，因此而得名。

从蛋糕的切面上可以看到半透明的苹果薄片层层叠叠，是非常漂亮的一款甜点。

添加覆盆子等浆果会让色彩亮丽，提升风味。

如果用香蕉和巧克力制作，任何季节都能开心享用。

材料（18cm×8cm磅蛋糕模具，1个份）

鸡蛋…2个
白砂糖…50克
熔化的黄油（无盐）…20ml
牛奶…100ml
天然香草精…1大勺（或人工香草精数滴）
盐…1小撮
小麦粉（低筋面粉或中筋面粉）…70g
苹果…3个

制作方法

1

鸡蛋、白砂糖放入碗中，用打蛋器搅拌混合。

2

加入熔化的黄油、香草精。

3

加入盐和牛奶，搅拌混合。

POINT

如果牛奶过凉，黄油会凝结，所以要提前把牛奶加热到人体体温。

4

小麦粉过筛加入碗里。

5

搅拌至气泡消失。这样蛋糕面糊就做好了。

6

苹果削皮，去核。

7

苹果切薄片。准备400～450g的苹果果肉。

8

把苹果和面糊混合搅拌。把苹果搅开的同时，把面糊翻拌进苹果的里面。

9

在磅蛋糕模具里贴上烘焙纸，把面糊和苹果倒入模具中，注意让苹果分层。放入预热到170℃的烤箱中烤45分钟。

POINT

烤蛋糕的时候如果表面烤焦了，就用铝箔纸盖住蛋糕。
烤好后放在常温下冷却，然后放入冰箱中冷藏。

完成

根据喜好在蛋糕上装饰覆盆子、柠檬片、薄荷叶等。

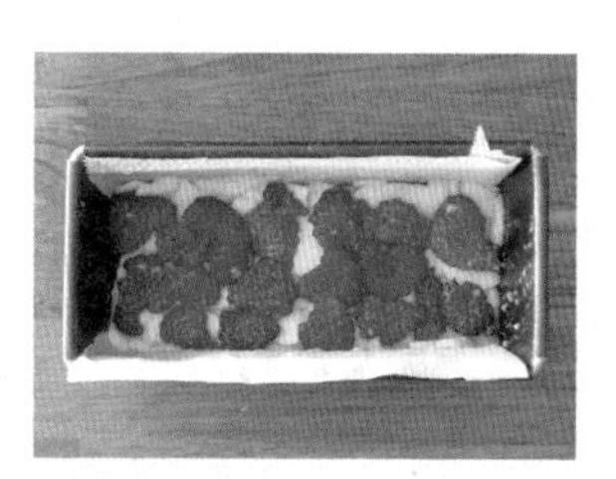

也可以把覆盆子夹在蛋糕中间烤制。

天然香草精、人工香草精和香草油

烘焙时为了调出香草的芳香，要用到天然香草精，但是在日本并不常用。
天然香草精是不添加人工香料，把香草荚泡在酒精里浸出香味制成的。天然香草精和人工香草精相比浓度低，所以分别用大勺和小勺计量。
人工香草精是提取香草的有机芳香成分泡入酒精中（主要是乙醇）。这是日本最流行的香草香料，也有很多人用人工香料代替高价的香草荚。
香草荚是刮去香草籽后，再发酵、干燥制成的一种香料。香草油也常见，是提取香草的有机芳香成分浸泡在油里制成的。香草油和人工香草精一样，都使用了人工香料。
香草油和人工香草精的浓度都很高，所以只用几滴就可以调出十足的香草芳香。
人工香草精适合在冰淇淋、慕斯蛋糕等不用加热的甜点中使用；香草油加热后香气也不易挥发，所以适合烤制甜点。

GATEAU INVISIBLE BANANE ET CHOCOLAT

香蕉巧克力隐形蛋糕

这款是用香蕉巧克力做出的浓香隐形蛋糕。

使用椰奶会更加美味。

RECIPE 6

香蕉巧克力隐形蛋糕

材料（18cm×8cm磅蛋糕模具，1个份）

全蛋…2个
白砂糖…50g
熔化黄油（无盐）…20ml
椰奶（或牛奶）…100ml
天然香草精…1大勺（或人工香草精数滴）
盐…1小撮
小麦粉（低筋面粉或中筋面粉）…70g
香蕉…3～4根
黑巧克力…60g

制作方法

蛋糕面糊的制作方法，和苹果隐形蛋糕的1～5步骤（p32）一样。

1

把香蕉切成薄片。
*准备香蕉果肉400～450g。

2

香蕉放入面糊中，搅拌混合。

3

在磅蛋糕模具里贴上烘焙纸，再往模具中倒入一半香蕉面糊，注意香蕉片要分层次，然后放上黑巧克力。

4

在巧克力上倒上另一半面糊，放入预热到170℃的烤箱中烤45分钟。

POINT

烤蛋糕的时候如果表面烤焦了，可以用铝箔纸盖住蛋糕。
烤好后在常温下冷却，然后放入冰箱中冷藏。

完成

根据喜好在蛋糕上装饰香蕉薄片、椰子薄片、巧克力等。

PAVLOVA

帕芙洛娃蛋糕

帕芙洛娃蛋糕

一般认为这是一款发源于新西兰或澳大利亚所在大洋洲的传统蛋白霜蛋糕。
以前在日本虽然不为人们熟知，在大洋洲却是盛夏圣诞节时必不可少的甜点。
用蛋白霜、鲜奶油、时令水果制作，
外脆内软的口感很受欢迎。
因为没有使用黄油，所以口味清淡。
现在这款甜点在日本也流行起来了。
制作起来十分方便。

材料（直径15cm，1个份）

蛋白…2个鸡蛋的量（约60g）
白砂糖…100g
香草精…少许
柠檬汁（或醋）…1小勺
玉米淀粉…1小勺

奶油
鲜奶油（或植物奶油）…150ml
白砂糖…1小勺

草莓、蓝莓、覆盆子等…150g
*推荐酸甜口味的水果。

制作方法

制作蛋白霜。蛋白放入碗中打发。

2

微微打发后，加入1/3的白砂糖，继续打发。

如果糖粉过多，会影响打发速度，所以每次只加入1/3的白砂糖。

3

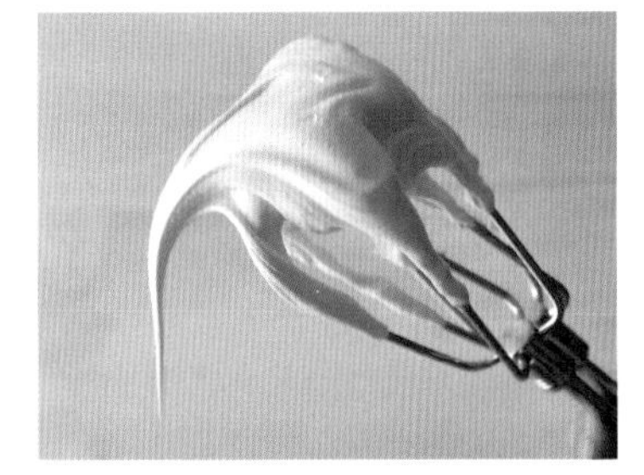

同样，剩余的白砂糖分两次放入，打发成绵密的蛋白霜。

4

加入香草精、柠檬汁搅拌混合。

5

加入玉米淀粉，搅拌混合。

6

烤箱预热到130℃。在烘焙纸上把蛋白霜摊成一个直径15cm的圆盘。

7

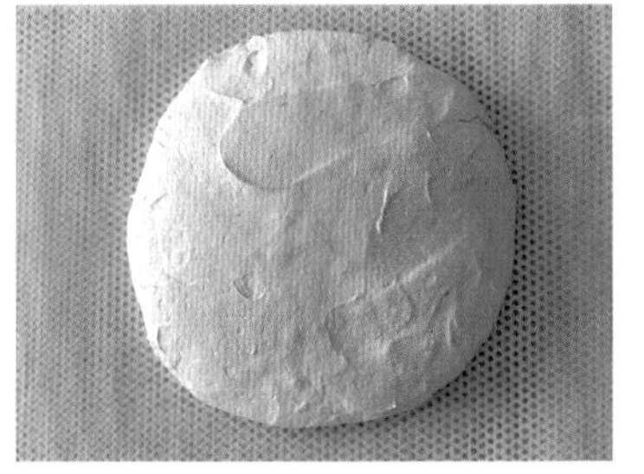

在130℃的烤箱中烤1小时，烤至微微有点焦。

8

在常温下冷却。

完成

1

草莓纵切成4等份薄片。

2

鲜奶油、白砂糖放入碗中，打发奶油。

3

在烤好的面团上放上足量的奶油。

4

在奶油上面摆放水果，使配色鲜艳美观。

*依据喜好可放上薄荷叶做装饰。

三种蛋白霜的制作方法

蛋白霜是用蛋白和砂糖打发制成的。蛋白霜的做法有三种，最普通的是法式蛋白霜。帕芙洛娃蛋糕采用的就是法式蛋白霜，在发泡的蛋白中少量多次加入砂糖，同时持续打发至拉起直角。

“意式蛋白霜”经常在柠檬挞中使用，微微打发的蛋白中加入120℃熬干的糖浆，再打发至浓稠。本书中介绍的柠檬挞使用的是“瑞士蛋白霜”，蛋白和砂糖一边隔水加热一边打发，加热到50℃后离火，继续打发蛋白。

瑞士蛋白霜要一边隔水加热一边打发。隔水加热可以做出浓稠的蛋白霜。

GATEAU MAGIQUE

魔法蛋糕

RECIPE

8

魔法蛋糕

魔法蛋糕，物如其名，仅把面糊倒进模具中，就能烤出来三层的蛋糕。
一个蛋糕可以享受到软糕、卡仕达乳酪、海绵蛋糕三种口感。
据说这款魔法蛋糕的原型是 Millassou。Millassou 是靠近西班牙的法国朗德省的传统甜点。
最下面的软糕层是用牛奶、鸡蛋、小麦粉做的，
中间的卡仕达乳酪层由蛋白霜和面糊适度混合而成，
最上面的海绵蛋糕是以蛋白霜为主体做成的。
虽然简单，但也不是只要混合所有材料一起烤就能做成的，还是需要花点工夫的，
这款蛋糕食材常见，步骤也简单，请您一定尝试挑战一下。

材料（直径18cm圆形模具，1个份）

蛋黄…3个
砂糖…60g
水…1大勺
熔化的黄油（无盐）…90g
低筋面粉…90g
天然香草精…1小勺（或人工香草精数滴）
盐…1小撮
牛奶（常温）…375ml

蛋白霜

蛋白…3个鸡蛋的量
砂糖…30g

制作方法

1

蛋黄、砂糖、水放入碗中，用打蛋器充分搅拌至发白。

POINT

后面使用的蛋白要提前盛在碗里放入冰箱冷藏。这样可以打出纹理细腻的蛋白霜，不会发干。
加一大勺水可以使蛋黄和砂糖更容易混合，像做萨芭雍一样容易打发。

2

加入熔化的黄油。

3

把过筛的低筋面粉倒入碗中，搅拌混合。

4

放入香草精和盐，充分搅拌混合。

5

放入牛奶搅拌混合。

6

制作蛋白霜。充分打发蛋白。

POINT

制作蛋白霜时务必使用干净的打蛋器。油分是蛋白霜的大敌。一旦沾了油分，蛋白就无法打发了。
搅拌蛋黄到搅拌牛奶这几步用手打，制作蛋白霜用电动打蛋器，这样是最合适的。

7

微微打发后，加入全部砂糖，继续打发。

8

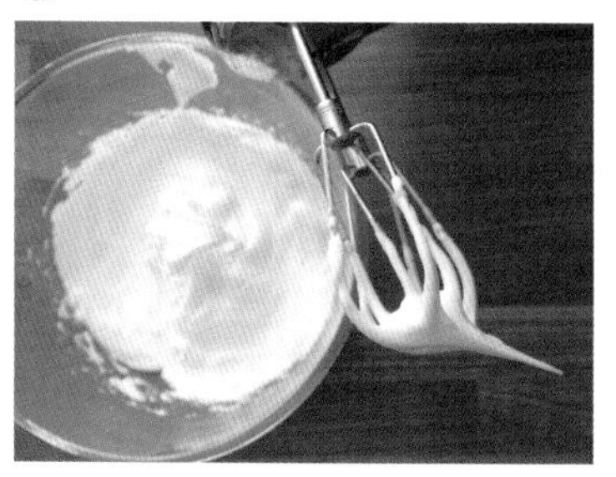

打发至蛋白霜绵密，呈干性发泡。

9

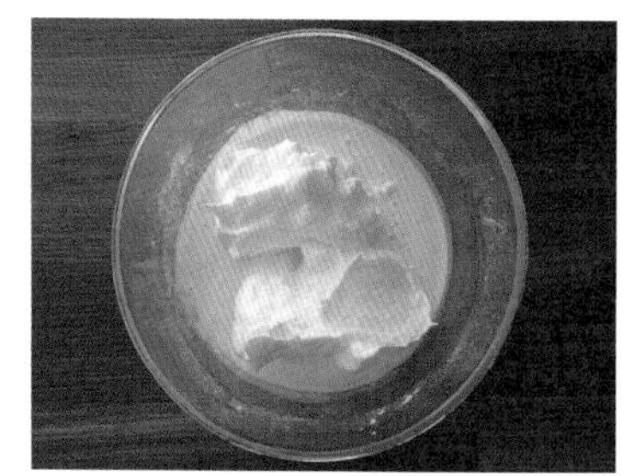

把做好的蛋白霜全部放入5中。

10

用打蛋器粗略地搅拌混合。

*这一步一定不要搅拌过度！蛋白霜浮在液体上面，直接这样烤，能烤出蛋糕最上层的海绵层。

11

微微搅拌浮在上面的蛋白霜和下面的面糊，不要用力晃动打蛋器。

12

在蛋糕模具里涂上黄油（分量外）或贴上烘焙纸，把做好的蛋糕糊倒进模具中，用刮刀轻轻地把表面理平整。

*面糊比较稀，所以不要使用活底模具。

13

放入预热到150℃的烤箱中烤50分钟。

14

烤好后在常温下冷却2～3小时。之后把模具倒扣过来脱模。

*直接吃或放入冰箱中冷藏后再食用，都很美味。

MATCHA TIRAMISU WITH AZUKI

抹茶红豆提拉米苏

抹茶红豆提拉米苏

人气甜点提拉米苏最初的做法，是用浸泡了意式咖啡和利口酒的手指饼干，
反复添加马斯卡彭奶酪的奶油，冷藏之后在表面撒上可可粉。
这款甜点用抹茶代替了意式咖啡，添加了红豆，做成了日式口味。
手指饼干也用手工制作。
手指饼干使用了特殊的打蛋法，烤出了海绵蛋糕的质地。
做好蛋白霜后再搅拌混合蛋黄，可以做出黏稠的面糊，
挤出任何形状。
英语中手指饼干叫“Ladyfinger”，一般做成细长形状。
用的奶油是萨芭雍，是用蛋黄 + 砂糖 + 酒做成的。
酒一般使用马尔萨拉酒，
不光在甜点中使用，也可在料理的酱汁中使用。

材料（4～5个份）

红豆…50g
水…500ml
盐…1小撮
砂糖…30g

手指饼干

蛋黄…1个
白砂糖…12g

蛋白…1个鸡蛋的量
白砂糖…12g

低筋面粉…25g
抹茶…1小勺
热水…150ml

萨芭雍

蛋黄…3个
水…1大勺
马尔萨拉酒（或白兰地等）…2大勺
白砂糖…30g
马斯卡彭奶酪…250g
蛋白…2个鸡蛋的量
白砂糖…30g

煮红豆的方法

1

红豆加水放入锅中开火加热，煮沸后用面粉筛过滤掉煮汁。然后再往红豆中加水，保持微微沸腾的状态1小时。

煮的过程中每当红豆露出水面，就要把水加足。

2

红豆煮到软糯时加盐、砂糖。待水分熬干后在常温下冷却。

手指饼干的制作方法

1

蛋黄、白砂糖放入碗中，搅拌至发白变黏稠。

2

另一个碗中放入蛋白、白砂糖，用打蛋器打发至干性发泡。

3

把蛋黄液倒入蛋白霜中。

4

用刮刀充分搅拌混合。

5

筛入低筋面粉。

6

粗略地搅拌混合。

*这一步搅拌过度会让面团变稀软，请注意。

7

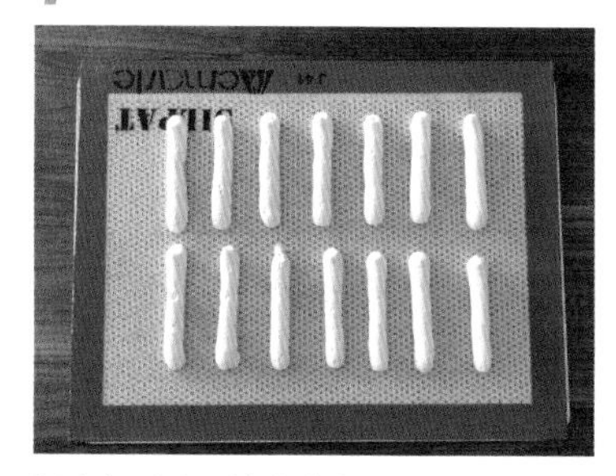

混合好后装入裱花袋中，在烘焙纸或硅胶垫上挤成细长条状。

8

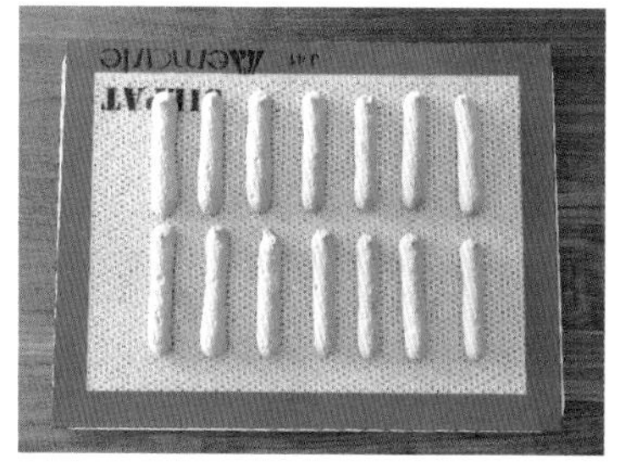

放入预热到170℃的烤箱中烤15分钟。

9

用热水冲泡抹茶粉，把手指饼干浸泡在茶汤里。

萨芭雍的制作方法

1

蛋黄、水、酒、白砂糖放入碗中。

2

一边隔水加热一边用打蛋器搅拌。
*加热的蛋黄液更容易打发。

3

在另一个碗中放入马斯卡彭奶酪，把2中的蛋黄液分2～3次加入奶酪中。

4

搅拌至顺滑。

5

制作蛋白霜。蛋白放入碗中打发。

6

微微打发后加入白砂糖，做出浓稠绵密的蛋白霜。

7

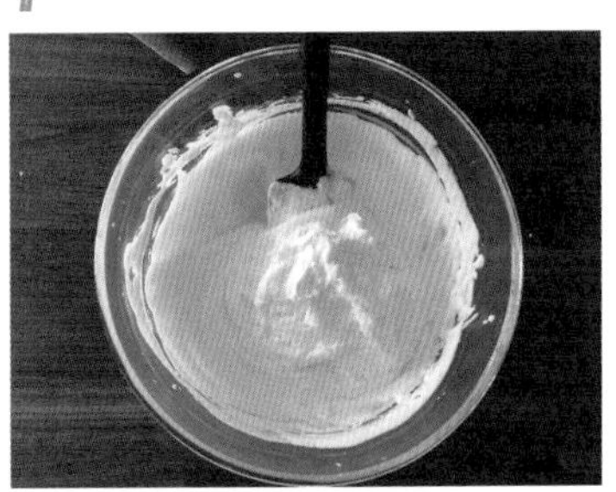

蛋白霜分数次放入4中。

8

搅拌至顺滑。

POINT

如果制作更简单的提拉米苏，可以不做萨芭雍，只需把蛋黄、砂糖、水、酒搅拌混合，然后和马斯卡彭奶酪搅拌混合即可。马斯卡彭奶酪可以用奶油奶酪代替。此外手指饼干也可用市售的海绵蛋糕或长崎蛋糕代替。

完成

1

在玻璃杯中放入奶油，然后按照手指饼干、奶油的顺序重复叠放，在中间加入红豆。

POINT

拿出在抹茶汤中浸泡好的手指饼干时，最好用叉子。剩余的抹茶不用动，只需把手指饼干取出。

2

放入冰箱中冷藏6小时以上，享用之前撒上足量的抹茶粉（分量外）。

*按喜好可装饰上煮红豆。

制作甜点时使用的酒

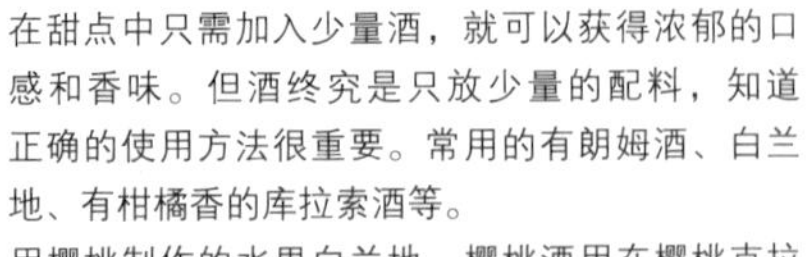

在甜点中只需加入少量酒，就可以获得浓郁的口感和香味。但酒终究是只放少量的配料，知道正确的使用方法很重要。常用的有朗姆酒、白兰地、有柑橘香的库拉索酒等。

用樱桃制作的水果白兰地、樱桃酒用在樱桃克拉芙缇中，在橡木桶中成熟的意大利马尔萨拉酒用在提拉米苏中，会让甜点更加美味。

Column

方便使用的工具

打蛋器和搅拌机

谈到制作甜点时不可缺少的代表性工具，就是打蛋器了。手动打蛋器的种类很多，让我们一起来寻找趁手的打蛋器吧。

有了电动打蛋器，打发鲜奶油和蛋白霜就会很轻松。在制作隐形蛋糕的时候分开使用，混合搅拌蛋黄和牛奶时用手动打蛋器，做绵密的蛋白霜时用电动打蛋器，做起来会很顺手。

市售的电动打蛋器有很多品牌，我用的是KitchenAid的电动打蛋器。

搅碎果酱里的水果，或搅拌冰淇淋时，我使用的是万能的Bamix搅拌机。便携式搅拌机可以直接在锅中使用，不会弄脏碗，在食材量少的时候使用也很方便。还可以代替榨汁机来使用。如果是全套的话，会有更多功能，相当于食物料理机。

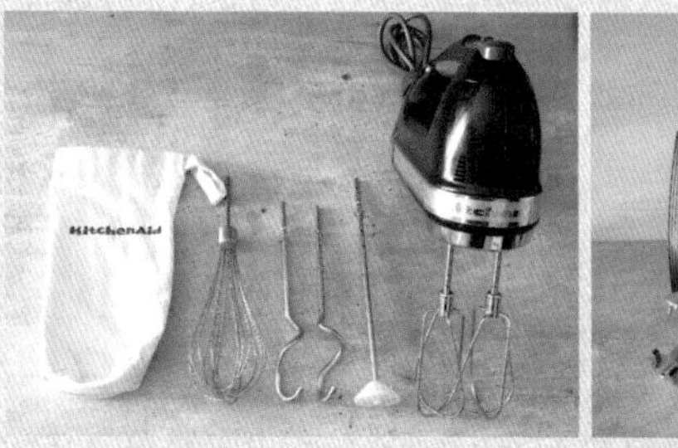

右图：打发鲜奶油、制作蛋白霜时使用的电动打蛋器。
左图：制作果酱时好用的搅拌机。

CREME BRULEE

焦糖布丁

RECIPE
10

焦糖布丁

在法语中叫“Crème Brulee”，意思是“变焦的布丁”。
把砂糖撒在布丁表面，用喷枪迅速加热砂糖，做成酥脆的焦糖。
这是法国的代表性甜点。在日本也非常受欢迎。
这里介绍的是用平底锅制作焦糖布丁的方法。没有喷枪的时候，充分加热勺子，
然后用勺子按压布丁表面，便可烤出焦糖。
但请多留心，以防布丁焦煳。

材料（容量120ml、直径12cm的小模具，3个份）

鲜奶油…200ml
牛奶…100ml
蛋黄…3个
白砂糖…45g
香草精…适量
制作焦糖用的糖（白砂糖、红糖等）…适量

制作方法

1

蛋黄、白砂糖放入碗中，用打蛋器搅拌混合。

2

搅拌混合至发白。

3

鲜奶油、牛奶倒入锅中加热。加热到外周微微沸腾的程度即可。

4

加热好后倒进蛋黄碗中，加入香草精搅拌混合。用打蛋器竖着搅拌，防止打发。

5

蛋液倒入小模具中，再把小模具摆进平底锅中。在平底锅中加入2cm高的水，开火加热。火力调整到水微微沸腾即可。

6

盖上锅盖焖。蒸5分钟后关火。盖着盖子静置10分钟，用余温加热。

7

晃动模具，如果蛋糊凝固了就表示加热好了。

8

拿掉锅盖稍微冷却一下，待模具不烫后从平底锅中拿出模具，余热散去后再放进冰箱中冷藏。

9

制作焦糖。在布丁上面撒上白砂糖或红糖。

10

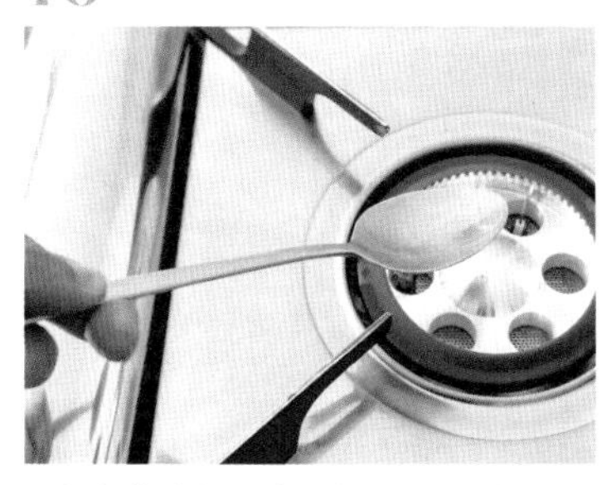

用燃气灶的火直接烘烤勺子，加热30秒。

POINT

勺子变黑了就不能用了，所以注意不要用新勺子。

11

把勺子按压焦糖布丁的表面。

12

勺子按压在布丁表面直到冒烟，把砂糖烤焦，呈现焦黄色。勺子每按压一次都要加热30秒。

POINT

如果有喷枪，可以用喷枪直接烤出焦糖。

13

完成。

经典甜点

PART

芝士蛋糕、巧克力蛋糕、曲奇等熟悉的甜点，令人品尝之后不禁眉目舒展，神色柔和。
本章聚齐了这些下午茶时不可或缺的经典款甜点。
接下来是重点满满的甜点食谱，
只要记住要点，就能完美地做出成品，作为礼物赠与他人。

Cheesecake

芝士蛋糕

芝士蛋糕深受不同年龄段人群的喜爱，是日本蛋糕店中的经典款，

芝士蛋糕有多种制作方法，因为它的历史非常悠久。

也许以前的芝士蛋糕和现在的略有不同，

人们认为在公元前 776 年第一届古代奥林匹克运动会上，

芝士蛋糕振奋了运动员的士气。

这里我介绍三种芝士蛋糕的制作方法，分别是纽约芝士蛋糕、雷亚芝士蛋糕、舒芙蕾芝士蛋糕。

法国产的酸味较淡的酸奶油“Crème Fraîche Épaisse”（右）和可以直接涂在面包上吃的“Fromage Frais”（左上和左下）。

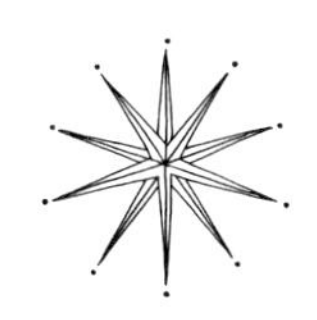

奶酪奶油、酸奶油、鲜奶油

制作芝士蛋糕时经常会用到奶油奶酪、酸奶油、鲜奶油。

众所周知，酸奶是在牛奶里加乳酸菌制作而成的，而奶酪是在牛奶里加入凝乳酶，凝固后去除乳清制作而成的，有时也加入乳酸菌。

奶油奶酪是在鲜奶油里加入凝乳酶做成的，所以被叫作奶油“奶酪”。

酸奶油是在鲜奶油里加入乳酸菌制作而成的。所以也可以说是用鲜奶油做出的酸奶。

鲜奶油是从牛奶中去除乳脂以外的成分后制成的。

制作纽约芝士蛋糕时，我使用了酸奶油，如果没有酸奶油可以用一半奶油奶酪和一半鲜奶油混合代替使用。除此以外，也可以用酸奶来制作，但这样芝士蛋糕的浓郁度会略有降低。

法国没有奶油奶酪？！

在法语中没有直接表达奶油奶酪的词语。看我的烘焙视频的法国人经常问我“在法国哪里可以买到奶油奶酪”。

奶油奶酪是未成熟的奶酪，归在鲜奶酪一类中。在鲜奶酪中乳脂含量较高的就是奶油奶酪。

法国有种奶酪叫作“Fromage Frais”，是和奶油奶酪最相似的奶酪，基本上涂在面包上就可以吃了。所以法国出售的成品奶油奶酪，从冰箱里拿出后马上就可以涂在面包上。

在日本还有鲜奶油、酸奶油，和法国稍有不同。

鲜奶油在法国叫“Crème Liquid”或者“Crème Fleurette”。有的很便宜，200ml不到一欧元。但是乳脂含量比日本的低15%～30%，所以怎么搅打也无法打出硬挺的奶油。

类似酸奶油的东西在法国叫“Crème Fraîche Épaisse”，酸味比日本的淡。欧洲的乳制品种类多样，和日本的略有不同。

接下来介绍的芝士蛋糕食谱中，使用的都是日本的乳制品。

NEW YORK CHEESECAKE

纽约芝士蛋糕

RECIPE

11

纽约芝士蛋糕

明明做法简单，仅需混合所有材料，倒入模具中就能烤出来，

我却总想反复制作这款纽约芝士蛋糕，下面为各位介绍它的做法。

一般认为烤芝士蛋糕起源于波兰。

最初是波兰来的犹太移民带来的蛋糕食谱，

其后在美国得到了进一步发展。

移居到纽约的犹太人经常制作这款蛋糕，所以就叫纽约芝士蛋糕了。

这款芝士蛋糕的特点是，奶油奶酪的含量特别高，粉类的含量特别少。

所以质地密实，口感浓郁绵软。

材料（直径18cm圆形蛋糕，1个份）

饼干…120g

熔化的黄油…60g

奶油奶酪…400g

白砂糖…120g

酸奶油*…200g

鲜奶油…150ml

全蛋…2个

玉米淀粉…2大勺

天然香草精…1或1/2大勺（或人工香草精数滴）

柠檬汁…1/4个柠檬

*如果没有酸奶油，可用酸奶或无水酸奶代替。酸奶和鲜奶油各一半，或者奶油奶酪和鲜奶油各一半均可。

覆盆子果酱

冷冻覆盆子…200g

白砂糖…40g

水…1大勺

制作方法

1

在模具内侧涂上黄油（分量外），贴上烘焙纸。

2

使用活底模具时，要在模具的下面包上两层锡纸，防止隔水加热的时候水流进模具里。

3

把饼干放进袋子里。

用擀面棒把饼干敲碎。

*饼干弄碎一点但保留酥脆的口感，很好吃。因此注意不要碎成粉末。

5

加入熔化的黄油，搅拌混合。

6

把饼干碎放进模具中压平整，放入冰箱冷藏约30分钟。

*为了平整最好用玻璃杯或小模子蛋糕杯。

7

让奶油奶酪恢复至常温，或用微波炉稍微加热一下，使其变柔软。

8

加入白砂糖，搅拌混合。

9

放入酸奶油、鲜奶油，搅拌混合。

10

鸡蛋先打进另一个碗中，再把鸡蛋倒入盛奶油奶酪的碗中搅拌混合。

POINT

为了避免鸡蛋壳和坏鸡蛋混进食材里，一定要把鸡蛋先打到另外的碗中再加入。
不打发鸡蛋就直接倒进去是为了防止气泡进入。如果奶油中混进气泡，蛋糕在烤的时候就会膨胀。
为了做出完美的浓香芝士蛋糕，关键就是在搅拌的时候尽量不要混入空气。

11

加入玉米淀粉、香草精、柠檬汁，搅拌混合。

12

充分搅拌混合直到奶油奶酪细腻顺滑。

13

把奶油奶酪倒入盛有饼干碎的模具中，把表面弄平整。

14

模具放进预热到180℃的烤箱中，隔水烤30分钟。

15

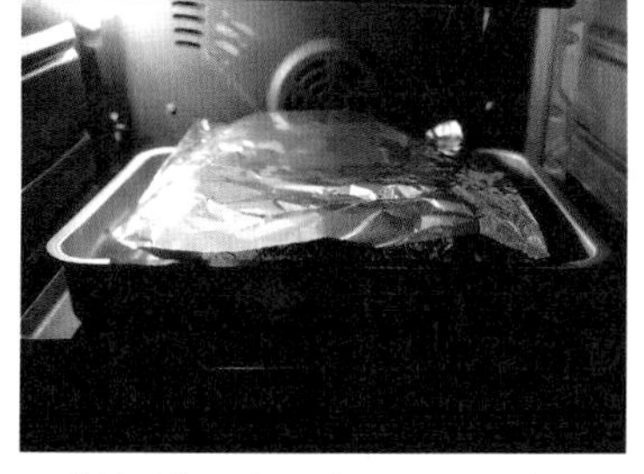

30分钟后将温度调到160℃，再烤30分钟。如果觉得烤色过深，用锡纸将蛋糕盖上。

16

烤1小时后关火，将芝士蛋糕留在烤箱中静置约1小时。
*用烤箱的余热慢慢加热蛋糕的中间部分。

17

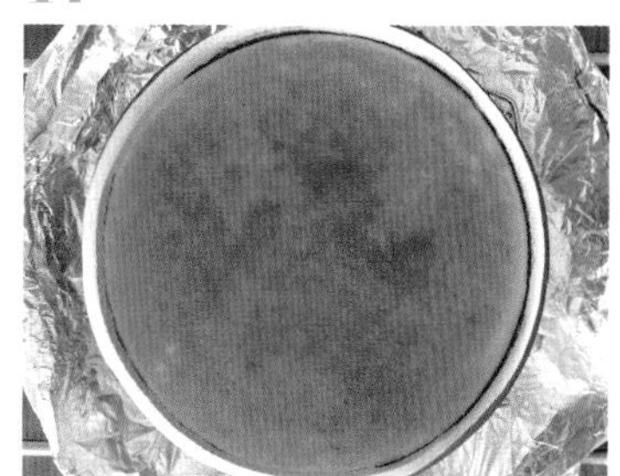

取出放凉后，再放入冰箱冷藏6小时。

覆盆子果酱的制作方法

1

将冷冻覆盆子、白砂糖、水放进碗中。

2

用600W的微波炉加热4分钟。

3

用面粉筛除去籽，同时把果肉捣烂，用面粉筛过滤。

4

在冰箱中冷藏。

5

做好了。

完成

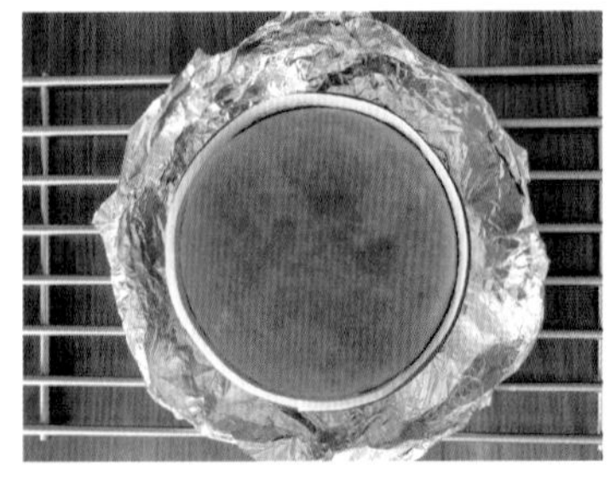

芝士蛋糕冷却后从模具中取出，切成方便食用的大小放入盘中，再在蛋糕上淋上覆盆子果酱。

Column

零失败的要领

区分使用烤箱功能

对流烤箱的功能可分为两大类，普通烤箱功能和对流功能。这次制作的纽约芝士蛋糕，没有使用烤箱对流功能，而是只用普通的烤箱功能烤制。

普通的烤箱功能是用上下两根电热管来加热的。

对流功能是用烤箱后面或侧面的风扇装置，使热空气对流来烹饪的。

空气对流能提高热传导效率，所以同等温度下，对流烤箱比普通烤箱更容易烤出颜色。

如果想要和普通烤箱烤出同样的颜色，就要把对流烤箱的设定温度调低20℃。

例如用普通烤箱是180℃，那么用对流烤箱就要调成160℃。

此外，Grill模式下只用烤箱上面的电热管进行加热，想把蛋糕上面放的芝士、撒上的面包粉烤出褐色时，可以使用这个功能。

一定要预热烤箱

即使食谱中没有写“用预热好的烤箱”，也一定要预热，达到设定温度后再开始烤。

原因是不同的烤箱要达到设定温度所需的时间不同。有的烤箱用5分钟就能加热到200℃，有的烤箱加热到200℃要用10分钟，所以在成品上就存在很大的差别。

一开始要用最大火力加热烤箱，直到它达到设定温度。如果是上面有加热管的机型，把火力调成Grill模式后，蛋糕表面马上就会开始变褐色，容易烤煳。

反之，如果使用上面没有加热管的烤箱，即使按照食谱中的时间来烤，蛋糕中心也有可能没有烤熟。所以使用烤箱时一定要好好预热，达到设定温度后再开始烤。

这是我常用的烤箱，具有对流功能。

NO BAKE CHEESECAKE

无须烤箱的雷亚芝士蛋糕

RECIPE 12

无须烤箱的雷亚芝士蛋糕

雷亚芝士蛋糕无须加热，把鲜奶油和奶油奶酪搅拌均匀，再用吉利丁凝固，
冷藏后即可做出口感美妙的蛋糕。
蛋糕底层是用买来的饼干捣碎做成的饼干底。
不用烤箱，不用开火，只需微波炉即可做成。
草莓和覆盆子的酸甜口感是蛋糕的重点。

材料（直径18cm的圆形蛋糕，1个份）

饼干…100g
熔化的黄油（无盐）…50g
草莓…8～9个
奶油奶酪…250g
无糖原味酸奶…200g
鲜奶油（或牛奶）…200ml
砂糖…90g
吉利丁片（或吉利丁粉）…10g
*如使用吉利丁粉需加水50ml泡发。

蛋糕上淋的果酱

砂糖…50g
水…50ml
覆盆子*（冷冻的也可以）…100g
吉利丁片（或吉利丁粉）…4g
*如使用吉利丁粉需加水20ml泡发。

制作方法

POINT

请选择市面上受欢迎的饼干。不要选不甜的薄脆咸饼干，甜饼干更适合这款蛋糕。也不要选全麦饼干，普通的饼干就可以。

1

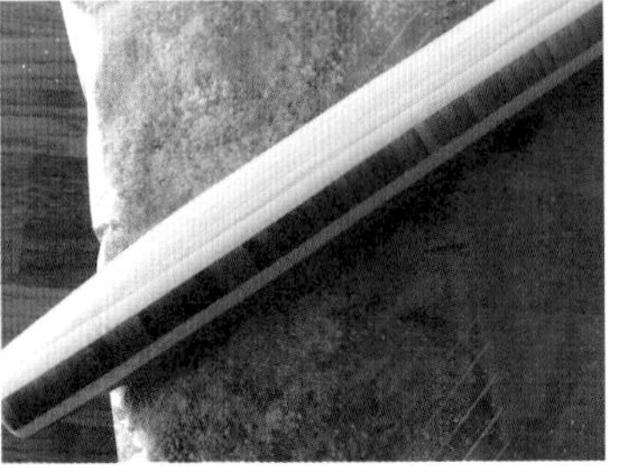

饼干装进袋子里，用擀面杖敲碎。

2

加入熔化的黄油，搅拌混合。

3

把饼干碎摊在模具的底层，整理平整。

4

用水泡发吉利丁片。

5

选取高度均一的草莓，纵向对半切开。

6

把草莓一个挨一个沿模具侧壁摆一圈，然后放进冰箱中冷藏30分钟，使饼干面团变硬。

7

奶油奶酪放进碗中，用600W的微波炉加热1～2分钟，然后持续搅拌至奶油奶酪变得柔软顺滑。

8

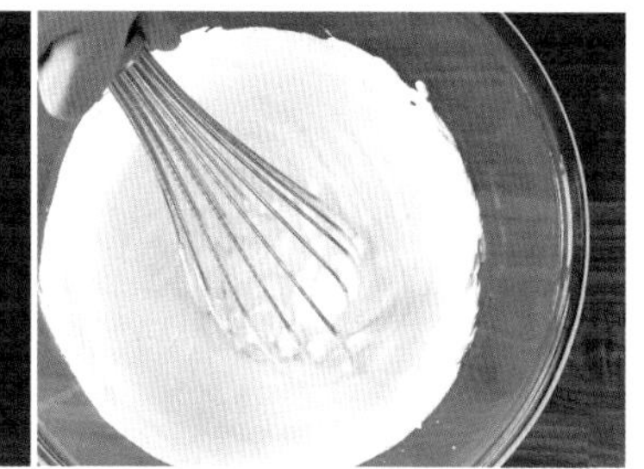

把酸奶、鲜奶油、砂糖加入碗中，用打蛋器搅拌混合。

9

把泡发好的吉利丁片用600W的微波炉加热30秒。

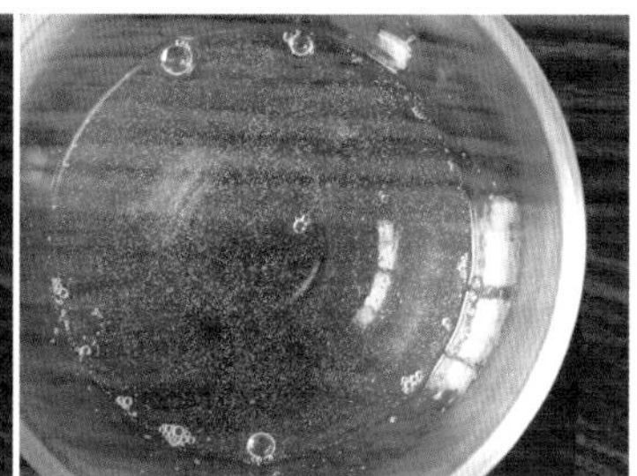

*不用煮沸，加热到50℃即可。

10

加热好后把吉利丁溶液倒进奶油碗中，搅拌混合。

11

搅拌好的奶油倒进模具中。

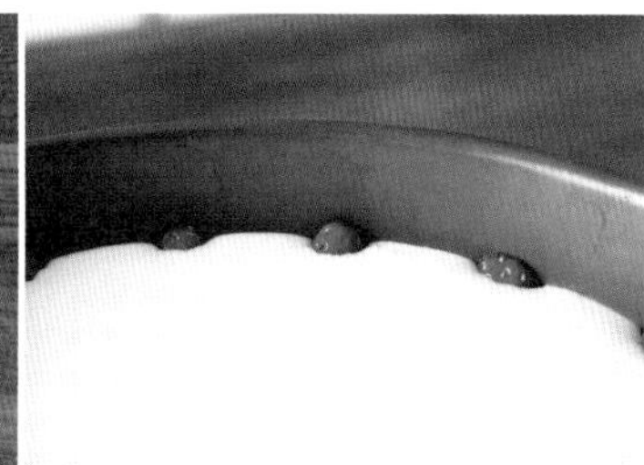

放入冰箱中冷藏凝固1小时。

蛋糕上淋的果酱

1

把砂糖、水、覆盆子放进碗中，用600W的微波炉加热4分钟。

2

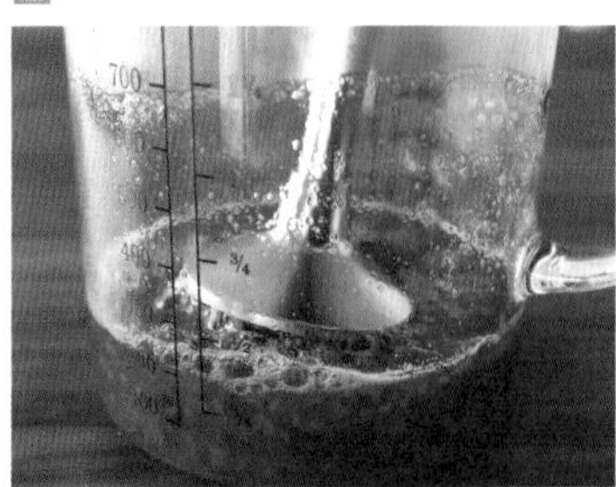

用搅拌棒打成泥。

3

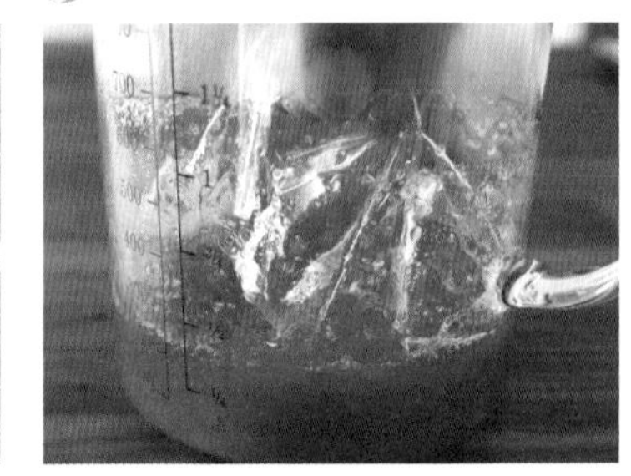

放入用水泡发的吉利丁片。如果果酱凉了，用600W的微波炉加热1分钟再放吉利丁片。

4

过滤果酱汁，覆盆子去掉籽。

5

在芝士蛋糕上面淋上果酱，放进冰箱中冷藏6小时以上。

6

完成。

Column

零失败的要领

隔水蒸烤的优点

纽约芝士蛋糕不用隔水也可以烤。但烤出来的成品会变成蛋糕外侧隆起，中间塌陷的样子。而且蛋糕的外侧还会被烤成褐色。

这是因为蛋糕模具温度变高，紧贴着模具的蛋糕外侧受热过度，鸡蛋和面糊中含有的少量气泡膨胀。而热度传到蛋糕中心需要一段时间，所以蛋糕中间几乎没有隆起来。

等到蛋糕中间烤好了，蛋糕外侧就受热过度了。

常有人说“隔水蒸烤有蒸气，所以降低了蛋糕烤得过干和表面开裂的风险”，如果仅想要这一效果，不用隔水蒸烤，使用蒸汽烤箱就可以了。

实际上，隔水蒸烤法有比这更值得关注的优点，就是可以缓慢加热。

隔水蒸烤时，模具和热水是直接接触的。放在热水中的模具不易达到高温，芝士蛋糕的温度会慢慢变高。因此蛋糕外侧不会烤过度，也不容易烤焦。

用隔水蒸烤，才能做出柔软润滑的蛋糕。

蛋糕模具放在装有热水的烤盘中，再放入烤箱里。

SOUFFLE CHEESECAKE

柔软的舒芙蕾芝士蛋糕

RECIPE 13

柔软的舒芙蕾芝士蛋糕

下面介绍的是柔软绵密的舒芙蕾芝士蛋糕的制作方法。
避开变瘪、开裂、膨胀得不美观等失败点，制作的关键在于，
在烘焙纸上涂满黄油，和制作出绵密的蛋白霜这两点。
如果蛋糕面糊和烘焙纸紧紧贴在一起，
蛋糕就不会完美膨胀，表面还会开裂。
如果没有做出绵密的蛋白霜，蛋糕底部就会有黏糯的一层糕糊。

材料（直径18cm的圆形蛋糕，1个份）

奶油奶酪…200g
牛奶…200ml
蛋黄…4个
低筋面粉…30g
玉米淀粉…20g
柠檬皮碎…1/2个柠檬的量
柠檬汁…1/2个柠檬的量
蛋白…4个鸡蛋的量
白砂糖…80g

制作方法

1

模具底面和侧面都贴上烘焙纸。在烘焙纸上涂上黄油（分量外）。

如用活底模具需用两层锡纸包裹住底部，防止进水。

POINT

推荐将黄油涂在烘焙纸上。食用油和烘焙纸不融合。如果芝士蛋糕紧贴在烘焙纸上，蛋糕膨胀的时候蛋糕表面会开裂，所以请仔细涂好黄油。如果再轻轻撒上糖粉，芝士蛋糕会变得更不易粘烘焙纸。

考虑到蛋糕膨胀的部分，在模具里贴上12cm高的烘焙纸会烤出更漂亮的蛋糕。

2

奶酪奶油放进碗中，用600W的微波炉加热1分钟，再用打蛋器打至变软。

3

少量多次倒入牛奶、蛋黄，每次都搅拌均匀。

4

将过筛后的低筋面粉和玉米淀粉加入碗里，充分搅拌混合。

5

加入柠檬皮碎和柠檬汁。

*如果不想要浓烈柠檬香味，不放柠檬皮碎也可以。

6

制作蛋白霜。蛋白提前放在另一个碗中，在冰箱里冷藏。用打蛋器打发蛋白。

用冷藏后的蛋白可以做出纹理细腻的蛋白霜。

7

稍微打发后分3次加入白砂糖，迅速打发至拉起直角。

蛋白霜如果太软的话，芝士蛋糕上方会浮现气泡，下方凝结。所以打发时，一定要打发到让蛋白霜硬挺的程度。窍门就是刚开始不加白砂糖，等稍微打发后再放入。使用电动打蛋器时，白砂糖可以1次性放入。

8

蛋白霜分3次加入5的蛋黄糊中，混合均匀。

9

如果蛋白霜还有结块，可以用打蛋器翻拌面糊，混合均匀。

10

倒入模具中，在料理台上摔2～3次，震碎里面的气泡，再挑破表面的气泡。

11

用预热到150℃的烤箱隔水蒸烤60分钟。

12

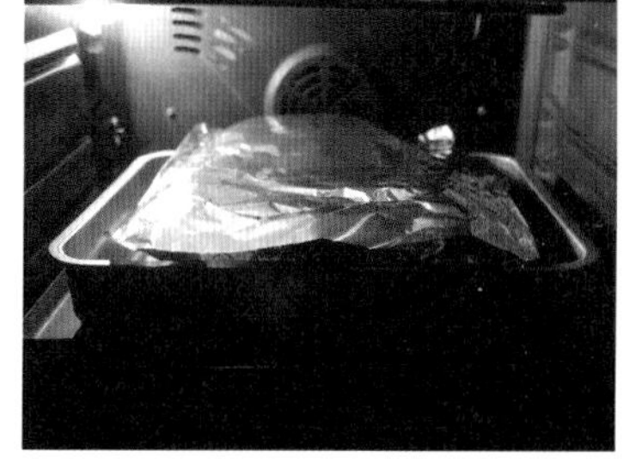

烤30～40分钟后，如果颜色太深需用铝箔纸盖住蛋糕，防止蛋糕烤煳。60分钟后关掉烤箱，再静置20分钟。

13

从烤箱中取出蛋糕，冷却至常温，然后连同模具放入冰箱中冷藏。

POINT

蛋糕冷却后就会瘪下去，最终稳定在和烤前一样的高度（7cm）。“明明在烤箱里有12cm，冷却后就变瘪了”。请不要灰心，这是无法避免的。虽然瘪了，可做好的蛋糕是气泡充足、口感柔软的。

Macaron

马卡龙

马卡龙是法国的代表性甜点，实际起源于意大利，但是在法国被发扬光大。
用蛋白和砂糖打发的蛋白霜里，混合磨碎的杏仁、核桃仁等坚果，烤成一口大小的马卡龙壳，
然后做成马卡龙。
说实话，马卡龙是很难做的甜点。
我也经历了多次失败，在尝试不同的用量、食谱的过程中，积累了许多经验。
这里我先重点介绍制作马卡龙裙边的要点。
裙边在法语中是“脚”的意思，指的是马卡龙下面像裙边一样的部分。

烤马卡龙之前的干燥结皮是很重要的一个步骤。
充分干燥结皮，才能形成漂亮的裙边。

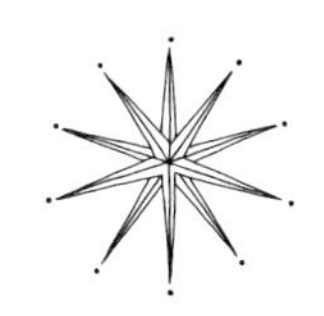

成功做出马卡龙的关键

1. 消泡

消泡指的是蛋白霜和粉类搅拌混合后，挤破部分蛋白霜的气泡，同时持续搅拌混合的操作。

消泡至面糊表面出现光泽，可以慢慢摊开，用硅胶刮刀捞起面糊时，面糊可以缓慢流下来的硬度。

如果消泡的程度刚刚好，挤出的角会自然消失，面糊就能自然形成一个漂亮的圆形。

如果消泡不足，马卡龙会过厚，变得圆鼓鼓的。反之，如果消泡过度，挤出的面糊会松散不成形，马卡龙也会变得过于单薄，不容易干燥结皮，裙边还会变小。

2. 干燥

干燥的标准是，用手指按压马卡龙面糊的表面时，完全不沾手，可以轻轻地触摸表皮。这一步非常关键！

如果表面没有充分干燥结皮，烤的时候面糊会全部膨胀起来，就无法形成裙边了。

做不成马卡龙裙边最常见的原因就是没有充分干燥结皮。

即使消泡成功，如果没有充分干燥，也做不出裙边。

湿度大的雨天里，会有晾放几个小时也干不了的情况。所以推荐在晴天制作马卡龙。

为了加快干燥，最好把马卡龙放在通风良好的地方或空调的出风口。干燥时间受湿度和温度影响，大约需要1个半小时到3个小时。

3. 烤制时间、温度

烤马卡龙的标准温度是160℃。用对流烤箱功能时，请设定成140℃。烤箱不同，温度、烤色都有差别，所以可能需要10℃左右的上下调节。

烤制时间是12～13分钟。要防止烤出褐色，边烤边观察马卡龙的状态。

入口时马卡龙口感酥脆、入口即碎。食材比例不同，成品马卡龙口感的差别会很大，一定要注意这点。

GREEN TEA MACARONS
抹茶马卡龙

抹茶马卡龙

对烘焙新人来说，这款马卡龙难度稍高，
按照要领一步步来，挑战一下心仪的马卡龙吧。
选用了微苦的抹茶口味。
零失败的关键是搅拌马卡龙面糊时不要过度消泡，
以及放入烤箱前让面糊充分干燥结皮。
此外，烤箱温度的标准为160℃，烤12～13分钟。

材料（直径4cm的外壳40个份，马卡龙20个份）

马卡龙外壳
蛋白…70g
白砂糖…60g
杏仁粉…75g
糖粉…75g
抹茶粉…4g

抹茶黄油奶油
无盐黄油…100g
糖粉…50g
抹茶粉…3g
水…1大勺

马克龙外壳的制作方法

1

杏仁粉、糖粉、抹茶粉分别过筛后放进碗中。

2

用打蛋器搅拌混合。

POINT

准备好裱花袋、裱花嘴（口径约1cm）、烘焙纸和硅胶垫。
使用含有2%玉米淀粉的糖粉。

3

把蛋白打进一个干净的碗中，打泡。

4

稍稍打发后少量多次加入白砂糖，做成绵密的蛋白霜。

POINT

一般认为马卡龙最好使用在常温下放置数日、呈水状的蛋白，虽然水状、疏松的蛋白易打发，但因为没有黏性所以稳定性不足。新鲜蛋白黏性好，虽然打发慢，但是用力认真打发就能做出细腻、稳定性好的蛋白霜。

5

把搅拌好的杏仁粉、抹茶粉放入打好的蛋白霜里，先翻拌再来回搅拌，使它们混合均匀。

6

混合到一定程度后，用刮刀将面糊挤压到碗底和碗壁消泡。

7

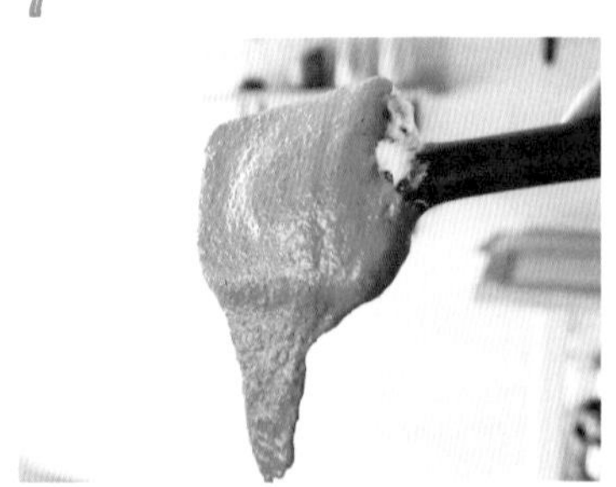

注意不要过度消泡。达到用刮刀挑起面糊，面糊可以缓缓落下的稠度是最好的。

8

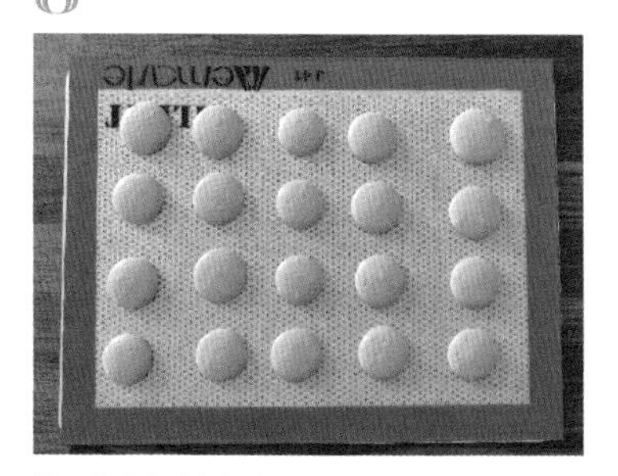

将面糊倒入裱花袋中，挤在烘焙纸上。

关键是面糊要挤在平整、没有褶皱的烘焙纸上。即使是一点点褶皱也无法做成漂亮的圆形。所以强烈推荐硅胶垫板（参照左下的图）。

挤出的面糊会慢慢消去挤的痕迹，这样的稠度是最理想的。如果有痕迹残留说明消泡不足，松散不成形则是消泡过度。

9

挤好后用牙签挑破面糊表面的气泡。

10

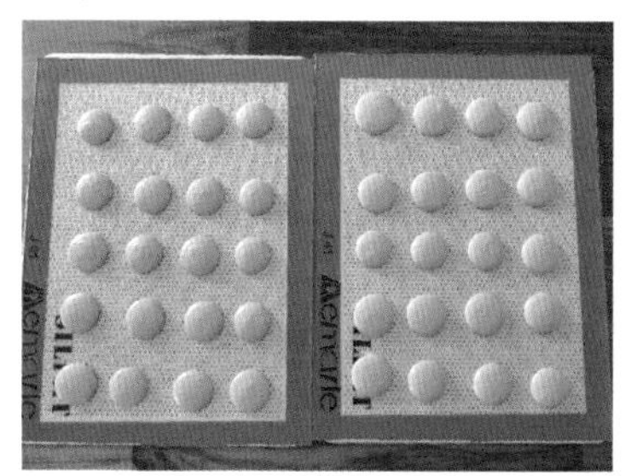

晾一会儿让面糊表面干燥结皮。用手指轻轻碰触，以不沾手的程度为准。

POINT

如果马卡龙没有晾成稳定的壳，就会烤成这样。

11

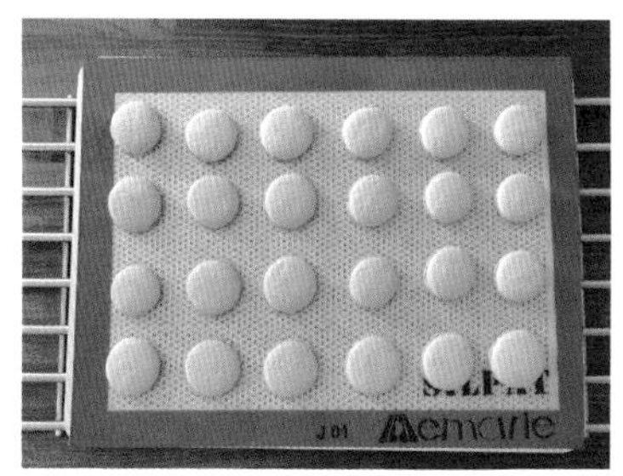

放入预热到160℃的烤箱中烤20～30分钟。烤好后在常温下冷却。

硅胶垫板

保持烘焙纸平整干净再挤马卡龙面糊是很重要的。硅胶垫板“SILPAT”在制作马卡龙时是最合适的，它是在玻璃丝上涂上硅胶制成的。马卡龙外壳的底面也可以烤得平整，还能防止开裂。这款烘焙工具用于冷藏、冷冻都没问题，还能放入烤箱中使用，十分方便，在做饼干时也很适用。

抹茶黄油奶油的制作方法

1

将黄油恢复至常温，呈发蜡状。

2

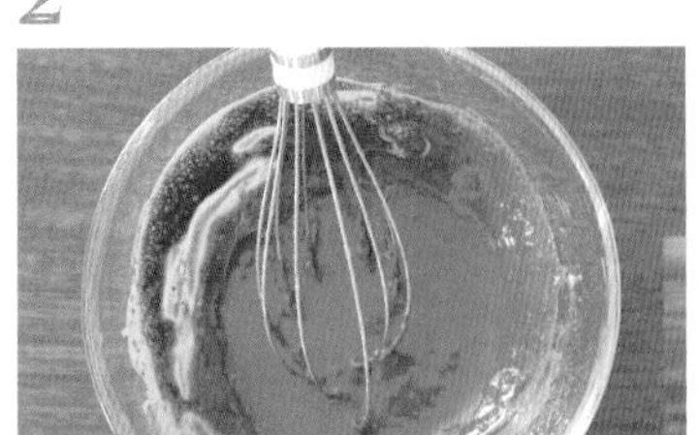

在抹茶粉中加入水，用打蛋器搅拌至顺滑。

3

把搅拌好的抹茶粉倒入黄油中，加入糖粉。

4

用刮刀充分搅拌混合至顺滑。

完成

1

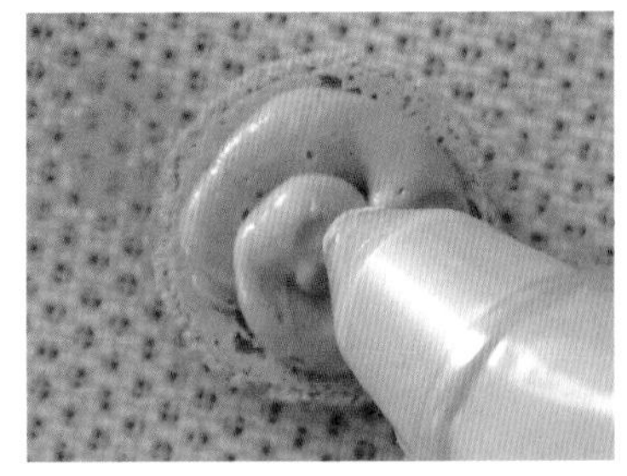

把抹茶黄油奶油装入裱花袋，挤在烤好的马卡龙壳上，用另一个马卡龙壳夹住。

2

装入密闭容器中或用保鲜膜包住，静置24～48小时。

马卡龙出现空心是因为没有完全烤熟。多烤1～2分钟，或者关掉烤箱静置在烤箱里，用余热再加热1～2分钟。

出现粘牙等口感黏腻的情况是因为烤过头了。请调低烤箱的温度。

做好后将马卡龙放置一段时间，使马卡龙达到外酥内软的口感。

Column

了解食材

有关赤砂糖、黍砂糖、白砂糖、糖粉

在法国有种叫“Cassonade”的砂糖，是用100%蔗糖制作的赤砂糖。它不是精制糖，是松散的粗糖。

赤砂糖有类似蜂蜜和香草的芳香，用在烤制甜点和挞中会获得更丰富的口味，烤出口感浓郁的甜点。在日本的进口食材店里也可以买到。赤砂糖加热后可以均匀熔化，所以很适合用来做奶油布丁的焦糖。

黍砂糖也是100%蔗糖制作的，是把精制过程中的砂糖糖浆熬干做成的。

白砂糖是颗粒细小的精制白糖，因为它纯白、没有特殊味道，所以在制作甜点时经常使用。

糖粉是把白砂糖碾碎成粉末状。它松散、易溶，多用在糖衣或装饰中。为防止糖粉结块，大多数糖粉里面添加了玉米淀粉。

Cassonade（图前）在法国制作甜点时经常使用。白砂糖（图右），糖粉（图左）。

Choux a la creme

泡芙

日本人十分钟爱泡芙。泡芙在发源地法国，叫作“Choux a la creme”.

“choux”在法语中的意思是“卷心菜”。因为外形像卷心菜，所以起了这个名字。

出人意料的是，在法国很难找到普通泡芙。

在法国出售的多是巴黎车轮蛋糕（仿照自行车车轮的样子，添加了坚果和焦糖果仁奶油）、

修女泡芙（把大小两个泡芙上下叠放在一起）。

奶油一般使用咖啡奶油或巧克力奶油。

在法国常见的修女泡芙。
奶油一般用咖啡奶油或巧克力奶油。

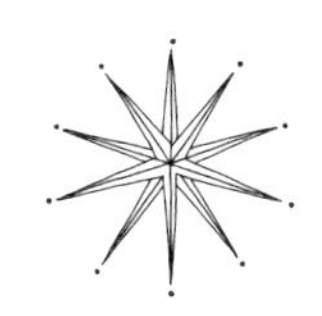

制作泡芙面团零失败的方法

制作甜点时需要万全的准备。

计量好全部食材后，要把低筋面粉过筛，打蛋液，准备裱花袋、碗，把烤箱预热到200℃。

将牛奶、水、黄油放入锅中加热，黄油溶化后将黄油煮沸，以防止水分蒸发。沸腾后关火，迅速把全部面粉放入锅中，再用刮刀翻拌面糊。改小火，持续翻拌面糊并加热30秒，然后把面糊倒进碗里。把面糊转移到碗里后，待容器里没有余热时，再倒入蛋液。

泡芙面团因为面粉被加热过，所以只有用生蛋液，面团才能充分膨胀。这一步也是保证不失败的一个关键之处。

缓缓加入全蛋液，搅拌混合。

想要做出成功的泡芙酥皮，必须严格遵守以下三点：

1. 准确计量食材用量。
2. 待黄油溶化之后将黄油煮沸。
3. 持续搅拌面糊，并用小火加热30秒。

制作面糊时，待黄油溶化之后将黄油煮沸。但沸腾时如果水分挥发过多，做出来的面糊就会发硬，请注意这一点。

CHOU

曲奇泡芙

曲奇泡芙

把曲奇面团放在泡芙面团上烤出来的曲奇泡芙。
在烤箱中烤曲奇面团的时候，黄油熔化后裹在面团表面，形成独特的酥脆口感。
奶油选用经常用来做泡芙的外交官奶油。
用卡仕达酱和鲜奶油混合制成的奶油，汲取了两者的优点。
虽然用香草精也可以调香，但为了提升泡芙的美味，请使用香草荚。

材料…（泡芙，6个份）

曲奇面团
无盐黄油…30g
糖粉…20g
低筋面粉…30g
肉桂粉…1/2小勺

外交官奶油
牛奶…250ml
香草荚…1/2根（或人工香草精数滴）
蛋黄…3个
砂糖…75g
低筋面粉…25g
鲜奶油…100ml

泡芙面团
无盐黄油…20g
水…2大勺
牛奶…2大勺
低筋面粉…25g
全蛋…1个（50g）

曲奇面团的制作方法

1

把黄油放入碗中打成发蜡状，加入糖粉、过筛后的低筋面粉。

2

加入肉桂粉，搅拌。

3

用烘焙纸夹住搅拌好的曲奇面团，将面团擀开，用模具压出6个圆形的印子。

*使用直径6cm的饼干模具。

4

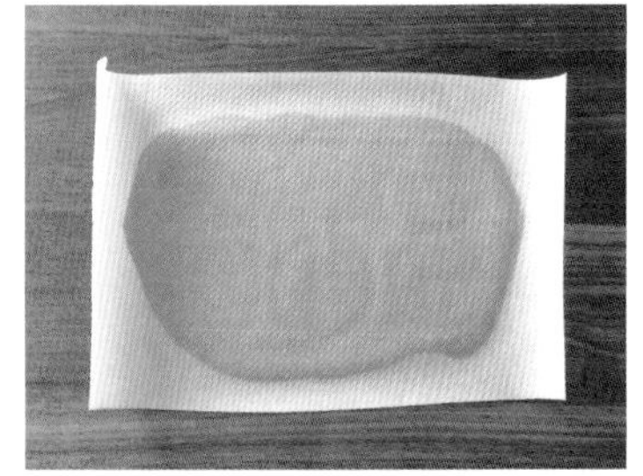

按压好后保持面团的平整，冷冻面团。

卡仕达酱的制作方法

1

切开香草荚，刮出其中的籽。

2

把牛奶、香草籽、香草荚放进锅中加热。

3

在碗中放入蛋黄和砂糖，充分搅拌混合。

4

加入低筋面粉搅拌混合，然后把热好的牛奶倒入碗中，充分搅拌。

5

搅拌好后用面粉筛过滤倒回锅中。

要在这一步取出香草荚。没有香草荚时可用香草精代替。

6

开火，一边充分搅拌一边加热。

锅中的奶油开始变黏稠，形成奶油状后也要继续加热，这是制作卡仕达酱的关键。继续加热会使奶油出现光泽并稍微变软，这说明低筋面粉已经充分受热了。粉质感消失后，就成了美味的卡仕达酱。

7

把加热好的卡仕达酱放进碗中，用保鲜膜密封，在常温下散尽余热后，再放进冰箱中冷藏。

POINT

用保鲜膜密封是为了防止面团表面干燥以及附着在保鲜膜上的水滴落下来打湿面团表面。

泡芙面团的制作方法

1

把牛奶、水、黄油放进锅中加热，待黄油溶化之后把黄油煮沸，以免水分蒸发。

2

沸腾后关火，迅速把筛好的低筋面粉全部倒进锅中，用刮刀整理面团。然后开小火，持续搅拌并加热30秒。

3

把做好的面团放进碗中。

把面糊转移到碗里后，待容器中不再有余热时倒入蛋液。由于面粉被加热过，所以加入生蛋液后面团很容易膨胀。

4

缓缓加入全蛋液。

5

把面糊搅拌到翻转刮刀时，面团从刮刀上缓缓掉落呈倒三角形的状态，如果未达到以上状态，则要再加入鸡蛋液。

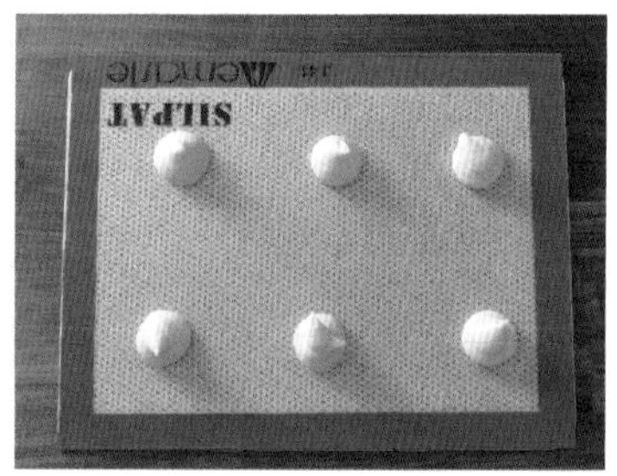

把面糊装入裱花袋中，在铺着烘焙纸或硅胶垫的烤盘上挤出六个均等大小的面糊团。

7

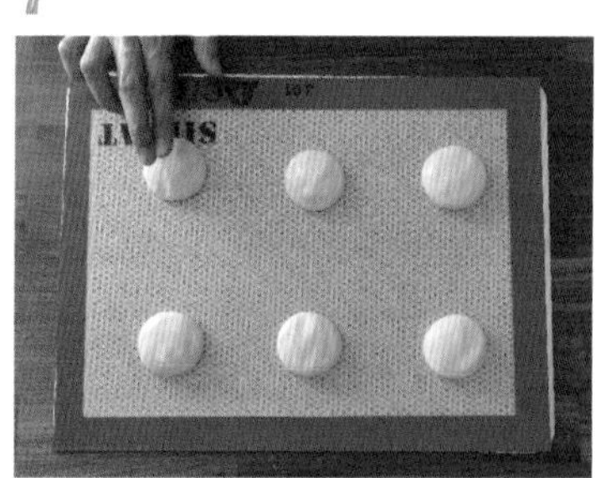

手指蘸点水，轻轻地按压面团，整理泡芙面团的形状。

如果泡芙面糊上不放曲奇面团，就会做出普通的泡芙。如果要做普通泡芙，在挤出面糊后，请用蘸水的叉子轻轻地把挤面糊的痕迹——留下的角弄平整。

烤曲奇泡芙的方法

1

从冷冻室中取出曲奇面团，在冷冻状态下用饼干模具切分面团。

2

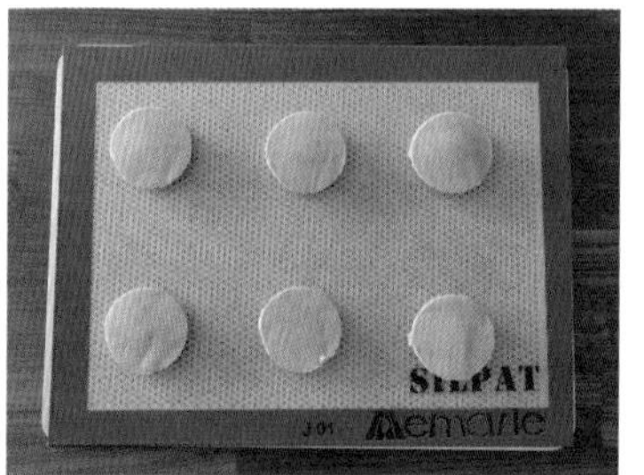

取下曲奇面团后放在挤出的泡芙面糊上。

3

放入预热到200℃的烤箱中烤15分钟，然后调到170℃再烤15分钟。烤好后关火，静置20分钟，取出烤盘冷却。

外交官奶油的制作方法

1

卡仕达酱冷却后，用打蛋器打发，直至顺滑。

2

用另一个碗打发鲜奶油。

为防止卡仕达酱和鲜奶油混合后奶油变稀，要充分打发奶油直至干性发泡。

把鲜奶油分数次加入卡仕达酱中。

4

充分搅拌混合。

完成

1

泡芙冷却后切开顶部，把奶油挤进去。也可以在泡芙底部开一个孔挤奶油。

装入奶油的泡芙过一段时间酥皮就会返潮，所以请在吃之前再挤奶油。

2

曲奇泡芙完成。

巧克力

在日本，制作巧克力甜点最多的时段是情人节。

顺便说一下，在法国是没有赠送巧克力的习惯的。

情人节在法国叫“恋人之日”，基本上是男士给女士送玫瑰花束、首饰、香水、内衣等，两个人一起去餐厅吃饭。

在法国，大量购买巧克力的时候是四月的复活节。

复活节时，做成鸡蛋、小鸡、兔子形状的巧克力满满当当地摆在西点房和超市里。

粒状的巧克力不需要再费工夫切开。
这是最常见的烘焙专用巧克力。

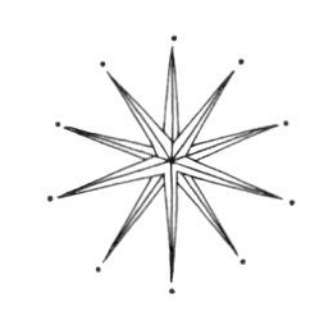

制作甜点常用的巧克力种类

黑巧克力

虽然有黑巧克力、苦味巧克力、甜味巧克力、原味巧克力、暗色巧克力等种种叫法，但其实它们是同一种巧克力。本书中统称为“黑巧克力”。

黑巧克力的特点是不添加乳制品、可可含量在40%～90%以上，所以黑巧克力涵盖的范围很广。一般来说可可含量越高，巧克力的味道越浓郁，口感越苦。制作甜点时经常使用的是苦味适中的巧克力，可可含量为50%～70%。

牛奶巧克力

牛奶巧克力，是添加了乳制品的巧克力。大多数牛奶巧克力可可含量为30%～40%。牛奶巧克力可可含量低，所以适合直接食用。在制作甜点时把巧克力和鸡蛋、面粉混合，混合后牛奶巧克力自身的味道会变淡，口感不够明显。

考维曲巧克力

考维曲巧克力是含有较多可可脂的巧克力。

不管是牛奶巧克力、白巧克力还是黑巧克力，只要可可脂含量超过31%，就可以叫作考维曲巧克力。有时考维曲巧克力也作为符合国际标准的高级巧克力来使用。

制作甜点时可以像使用普通巧克力一样使用考维曲巧克力。

可可浆、可可脂、可可含量

可可浆是可可豆脱壳、碾磨之后得到的液体。可可脂是从可可豆中榨取出来的植物油脂。可可含量表示可可浆和可可脂的合计重量占巧克力重量的比重。例如，如果巧克力中含可可浆35%，可可脂30%，那么可可含量就是65%。

白巧克力（图左）
牛奶巧克力（图中）
黑巧克力（图右）

GATEAU CHOCOLAT

简单的生巧蛋糕

简单的生巧蛋糕

这款巧克力蛋糕像生巧克力一样，入口即化，口感顺滑。
而且仅用四种材料：巧克力、鲜奶油、鸡蛋、砂糖，即可制作。
制作方法也非常简单，
所以很适合做情人节的礼物。
由于完全没有加入小麦粉等粉类，所以非常易碎，也不耐热。但正因如此，才能入口即化，口感顺滑。
蛋糕尺寸很小，所以想用来作礼物时，用蛋糕杯或耐热玻璃杯等烤好后直接送出，
这样不会破坏蛋糕的形状。
烤蛋糕的时间根据蛋糕的厚度来定，隔水蒸烤60分钟左右即可。

材料（直径18cm的圆形蛋糕，1个份）

黑巧克力（可可含量50%～70%）…250g
鲜奶油…200ml
全蛋…4个
白砂糖…70g

制作方法

1

在模具底面和四周涂上黄油（分量外），然后贴上烘焙纸。

POINT

使用活底模具隔水蒸烤时，用铝箔纸包裹住底部，防止进水。

2

把打碎的巧克力放进碗中。

*如果喜欢偏苦的生巧蛋糕，请使用可可含量60%～70%的黑巧克力。

3

鲜奶油倒入锅中，煮沸。

POINT

植物奶油煮沸后容易水油分离，所以请使用动物奶油。

4

煮沸的鲜奶油倒入装巧克力的碗中，溶化巧克力并持续搅拌至顺滑。

*把巧克力和鲜奶油一起放进碗中，用600W的微波炉加热1～2分钟也可。

5

在另一个碗中放入恢复至常温的鸡蛋、白砂糖。

6

用电动打蛋器打发。

7

打发至提起打蛋器让面糊流下来，滴落的痕迹能慢慢消去。

8

把打好的鸡蛋糊分2～3次倒入热巧克力中，搅拌混合。

9

倒入模具中整理平整，在料理台上轻磕2～3次，消除里面的大气泡。把模具放入盛有热水的容器中。

*热水高度在2～3cm即可。

10

放入预热到150℃的烤箱中隔水蒸烤60分钟。

11

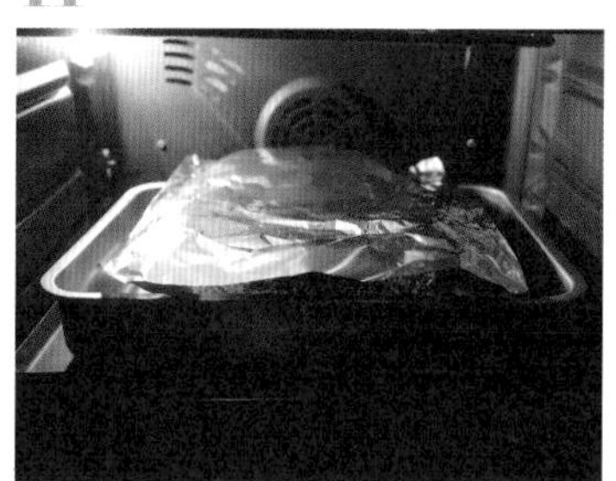

如果觉得蛋糕表面快要烤焦了，可以在蛋糕上盖上铝箔纸。烤到60分钟后关火，用余热加热30分钟。

12

置于常温下冷却。

13

冷却好后把模具倒扣在烘焙纸或毛巾上，脱模。

POINT

给蛋糕脱模时在下面垫上毛巾或烘焙纸，这样倒扣过来不会破坏蛋糕的形状。

14

脱模后，揭掉烘焙纸。

15

把盘子倒扣，然后翻过来。

完 成

1

按喜好装饰上糖粉、水果、坚果等。

切蛋糕时把刀用热水擦一下可以切得更整齐。冷藏保存，切蛋糕、吃蛋糕前先恢复至常温。

2

完成。

Column

方便使用的工具

蛋糕模具和圆形模具

做只需冷藏凝固的甜点时，我使用圆形模具，脱模也很简单，如果您有圆形模具，请一定试试看。

做巧克力蛋糕时，我用的是烘焙专用的蛋糕模具。这款模具的侧面有手柄，可以把模具稍微展开一些。在法国的烘焙工具店里，这种样式的模具是主流。但这款模具底面不平整，所以脱模时会稍微有点麻烦。

带手柄的蛋糕模具（图右）。牛轧糖冰淇淋和巧克力熔岩蛋糕中使用过的小型圆形模具（图左）。

BROWNIES WITH NUTS

坚果布朗尼

RECIPE 17

坚果布朗尼

布朗尼是美国的烤巧克力蛋糕。
巧克力含量高，添加了坚果，制成四方形。
因为是烤蛋糕，所以不必像生巧那样注意存放温度，
可以直接在室温下保存，因此很适合在情人节等节日时当礼物。
布朗尼做法简单，烤好后可以随意切成自己喜欢的大小，
所以可以调整块数，这点非常好。

材料（17cm×23cm模具，1个份）

无盐黄油…100g
盐…1小撮
黑巧克力…200g
牛奶…60ml
白砂糖…85g
全蛋…2个
低筋面粉…60g
无糖可可粉…20g
喜欢的坚果…100g

制作方法

1

坚果放入预热到150℃的烤箱中烤10分钟。

2

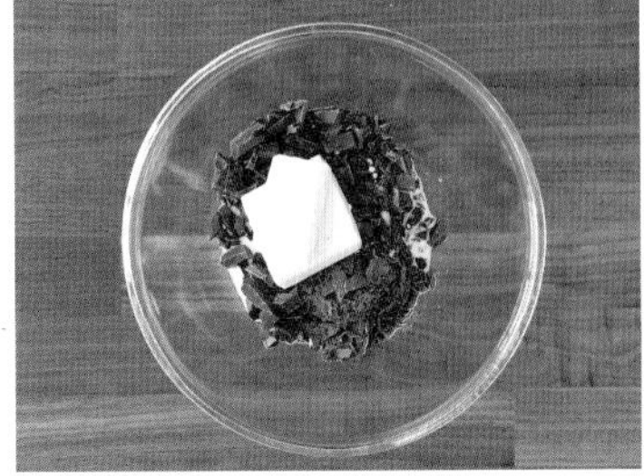

黄油、盐、巧克力放进碗中，隔水加热或用600W的微波炉加热1分钟，让食材熔化。

*加热牛奶，烤布朗尼的模具也在这一步准备好。

3

倒入热牛奶搅拌混合，再加入白砂糖、鸡蛋，搅拌均匀。

POINT

预先加热一下牛奶，可以防止制作过程中温度降低导致巧克力和黄油凝固结块。

根据喜好加入朗姆酒或白兰地等酒类。

4

一边过筛一边往碗里加入低筋面粉、可可粉，搅拌至没有干粉。

5

把烤好的坚果切成大块。

6

把一半坚果加入巧克力面糊中，搅拌混合，然后倒入模具中。

7

把面糊表面整理平整，剩下的坚果撒在表面。

8

放入预热到170℃的烤箱中烤15～20分钟。

POINT

脱模时请用竹扦刺入蛋糕来确认是否完全烤好。
15分钟左右可以烤熟，因为烤箱和模具不同，所以烤出的蛋糕有可能变甜。

9

待余热散尽后切成12～16等份。为防止变干需用保鲜膜包裹住，或在密闭容器中静置一夜。

10

完成。

FONDANT CHOCOLAT

巧克力熔岩蛋糕

RECIPE

18

巧克力熔岩蛋糕

这款甜点是法国的代表性巧克力蛋糕，深受各个年龄段人群的喜爱。
也经常在法国的超市中出售，很受欢迎。
餐厅当然也会提供，并且现场制作，
所以切开蛋糕，里面的热巧克力会汩汩流出。
本书所采用的食谱是添加了巧克力甘纳许的巧克力熔岩蛋糕，
即使变冷，只要再用微波炉重新加热，就能回复醇厚口感。

材料（直径6cm的圆形模具或蛋糕杯模具，4个份）

巧克力甘纳许
黑巧克力…100g
鲜奶油…100ml
水…1大勺

巧克力蛋糕
黑巧克力…125g
无盐黄油…125g
白砂糖…40g
全蛋…3个
低筋面粉…45g
盐…1小撮

制作方法

1

制作巧克力甘纳许。鲜奶油、水放入锅中加热，不用煮沸。

2

巧克力切成小丁，放入碗中。

3

奶油加热后倒入巧克力碗中，搅拌混合。待巧克力全部熔化后，放入冰箱里冷藏2小时。

4

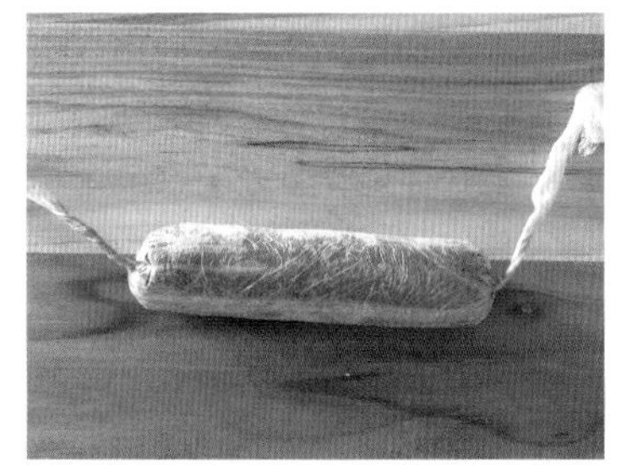

用保鲜膜包裹，做成直径3.5～4cm的圆柱形，放入冷冻室冷冻。

*最少在冷冻室冷冻3小时。

5

制作巧克力面糊。巧克力、黄油放入碗中，用600W的微波炉加热1～2分钟。

6

巧克力和黄油都溶化后，用刮刀搅拌混合。

7

放入白砂糖、鸡蛋，充分搅拌混合。

*不需要打发，直接放入鸡蛋。

8

低筋面粉过筛加入碗中，加入盐。

9

用刮刀搅拌混合至看不到干粉。

10

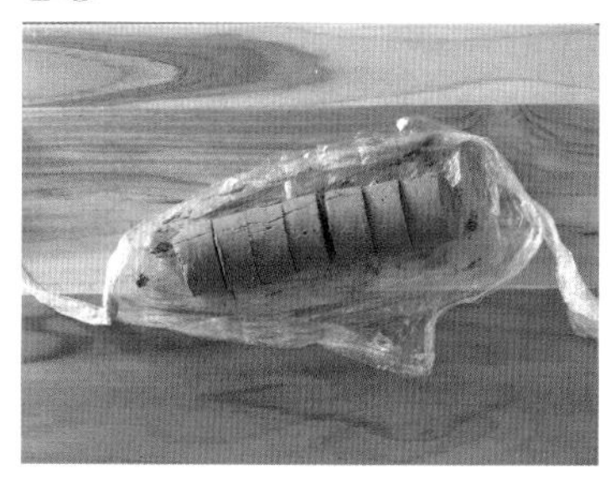

冷冻好的巧克力甘纳许切成6～7等份，揭掉保鲜膜。

11

在蛋糕杯模具里涂上黄油（分量外），撒满低筋面粉（分量外）。

如果使用圆形模具，要贴上烘焙纸。

12

把9的巧克力面糊倒入模具，到达模具一半的高度即可。

13

把10中的巧克力甘纳许按压进面糊里。

14

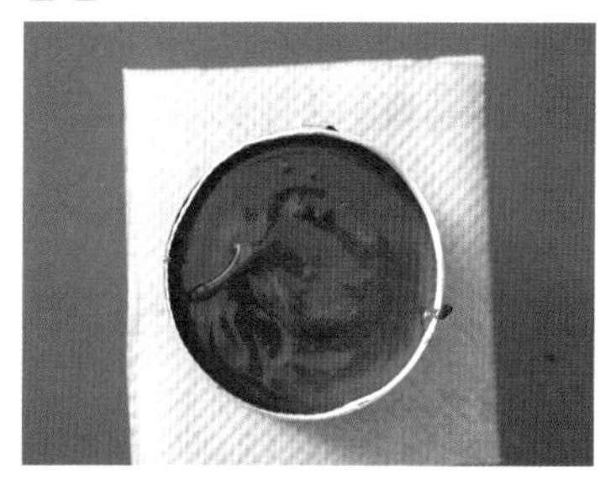

然后再倒入面糊。

15

放入预热到200℃的烤箱中烤12分钟。

*为了掌握烤箱的火力，最开始试烤一个比较好。

16

烤好后在常温中静置5分钟冷却，然后脱模。

POINT

使用圆形模具时用脱模刀从边缘缝隙处划开，移到盘子上，然后揭掉烘焙纸，脱模。如果用蛋糕杯，烤好后至少冷却5分钟，然后倒扣过来脱模。

变冷的巧克力熔岩蛋糕在吃之前，用600W的微波炉再加热30秒即可。即使在冰箱里放了一天，用微波炉加热后也能享受到黏稠、汩汩流出的热巧克力！

剩余的甘纳许可以冷冻，或者当作生巧吃也很好。

曲奇

曲奇是不限定季节的经典款甜点，种类丰富。

曲奇的制作方法多种多样。

冷冻饼干是把面糊放入冰柜中冷冻后，再切成薄片烤制。

灌注饼干是用裱花袋挤出面糊，再做成饼干。

或者用擀面杖把饼干面团擀开，再用饼干模具做出各种形状的饼干。

这里我介绍两种曲奇，分别是把面糊揉成小团后（或者用勺子放面糊）烤出来的曲奇和美式曲奇。

诱人的美式曲奇。

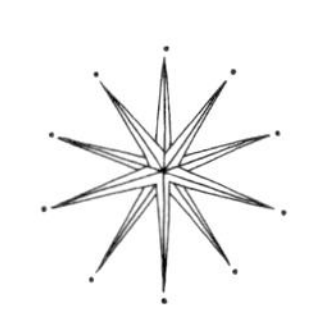

挑战曲奇制作的前期工作

即使对新手来说，美式曲奇也很简单。虽然一般认为冷冻饼干比较简单，但漂亮地冷冻成型再切好是制作冷冻饼干的基础。而且温度一高面团就会过软，难以成形。而美式曲奇的成品有粗糙感也没关系。它的风味是沙沙的感觉。

零失败的要领是注意食材的用量和烤曲奇的方法。所以正确计量、遵守用量是基础。如果黄油的比例过低，饼干容易变硬，就算用低温慢慢地烤也会烤成硬曲奇。最好用比较高的温度，在短时间内烤成。这样烤出来的曲奇外层酥脆，里层软嫩。

曲奇中盐的比例也很重要。如果只有甜味，味道单调难以下咽，也容易吃腻，所以制作时稍微加点咸味，调整一下味道。

曲奇做得太多的时候，请放入可以密封的瓶中保存。但是如果需要存放三天以上，请把曲奇装入密闭容器或袋子，放入冷冻室中保存，这样不会影响味道。

饼干模具有不同的种类。照片中是我正在使用的圆形波浪边模具。

WHITE CHOCOLATE AND MACADAMIA NUT COOKIES

白巧夏威夷果曲奇

白巧夏威夷果曲奇

这款美味的曲奇，搭配上白巧克力的醇厚和夏威夷果的浓香，
烤好后外酥里脆。
也可以用牛奶巧克力、杏仁等喜欢的食材制作。因为做法简单，
也很适合做白色情人节的礼物。
使用泡打粉让面团膨胀，小苏打也可以起到同样的功效。
若使用小苏打，请放入泡打粉一半的量即可。

材料（35g曲奇，18个份）

无盐黄油…120g
红糖…70g
白砂糖…70g
全蛋…1个
天然香草精…1大勺（或人工香草精数滴）
中筋面粉…160g（低筋面粉和高筋面粉各半亦可）
泡打粉…1小勺（或小苏打1/2小勺）
盐…1/2小勺
白巧克力…100g
夏威夷果…80g

制作方法

1

黄油放入碗中，用600W的微波炉加热1分钟，使黄油变软。

2

加入红糖、白砂糖、恢复至常温的鸡蛋，搅拌混合。

*砂糖有绵白糖、蔗糖等，用喜欢的即可。

3

加入香草精。

4

用打蛋器充分搅拌混合。

5

将过筛的中筋面粉、泡打粉、盐放入另一个碗中，用打蛋器轻轻搅拌。

6

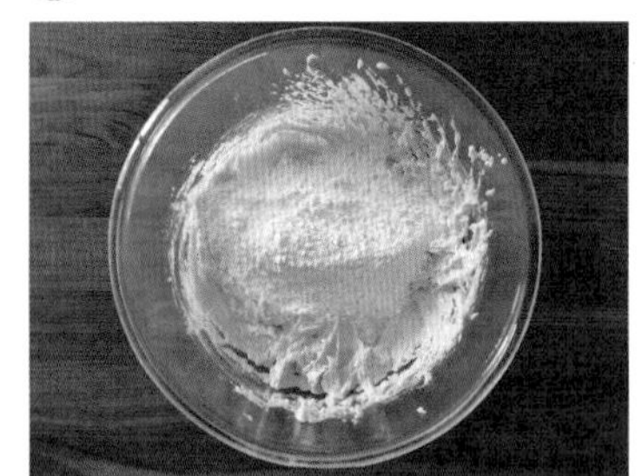

把5中的粉倒入4的碗中。

7

用刮刀粗略搅拌一下。

8

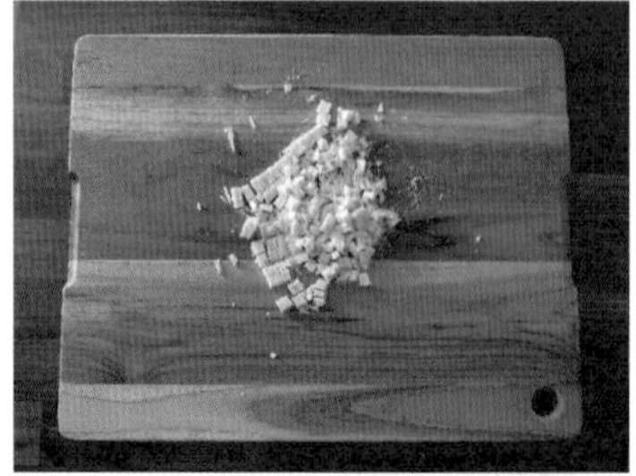

把白巧克力和夏威夷果切成5mm～1cm的颗粒。

9

坚果放入7的碗中，轻轻搅拌混合后放入冰箱中冷藏1个小时。

*冷藏后再整理面团，面团不容易黏手。

10

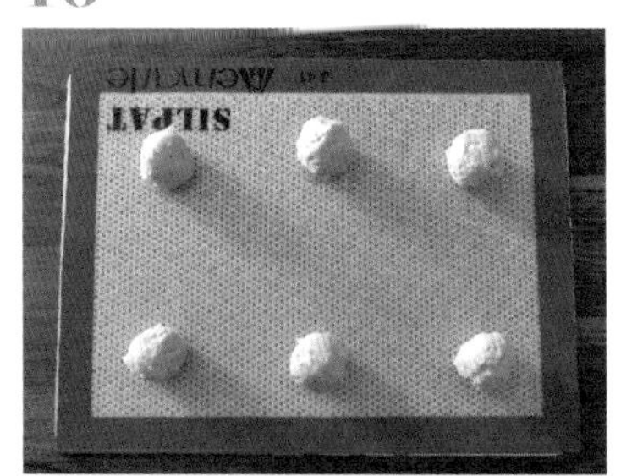

把面团分成18个35g的小块，摆在铺着烘焙纸或硅胶垫的烤盘中。

*以一个烤盘放6块为准。

曲奇烤后会膨胀变大，所以摆放时请留出足够的间隔。由于黄油含量高，所以烤后曲奇会塌陷，面团揉成球状也可以。

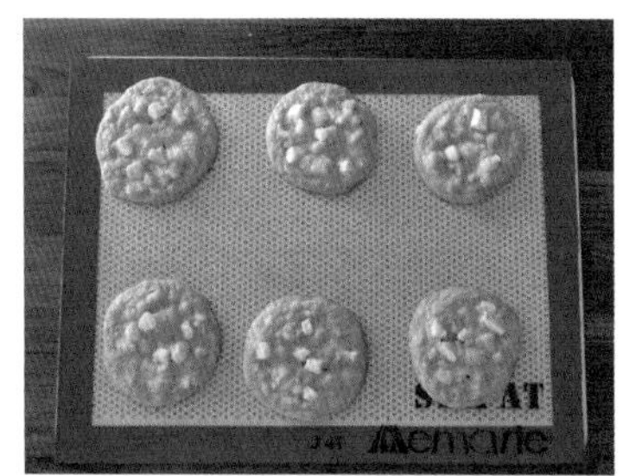

放入预热到170～180℃的烤箱中烤10～12分钟。

烤好的程度以曲奇边缘颜色微微变深为准。

刚从烤箱中取出的曲奇蓬松柔软，也许您会担心是否没烤熟。但冷却后就会像一般的饼干一样硬脆了，所以不必担心。这种烤曲奇的方法可以营造外酥内脆的口感。

烤好后，白巧克力和夏威夷果都藏在曲奇里面。想要坚果在曲奇外面，要在曲奇刚从烤箱中取出、还很柔软的时候，把坚果轻轻按压进曲奇里。

小苏打和泡打粉的不同

使用小苏打和泡打粉都是为了让面团发酵膨胀。

小苏打受热后分解成碳酸钠、水、二氧化碳，就是二氧化碳的力量使面团膨胀。

泡打粉是在小苏打中添加了其他成分，少量小苏打也能快速释放碳酸气体。小苏打中有特殊的苦味，泡打粉中因为有其他成分所以可以减少小苏打的用量，这样对成品的味道影响不大。

但是由于发酵成分中小苏打含量少，所以用泡打粉替代小苏打时，为了让面团膨胀到同样的效果，请使用两倍量的小苏打。

小苏打在药局或百元店就可以买到，但请确认是否可以食用小苏打。小苏打可以用在清洁打扫中，所以即使买多了也不会浪费。

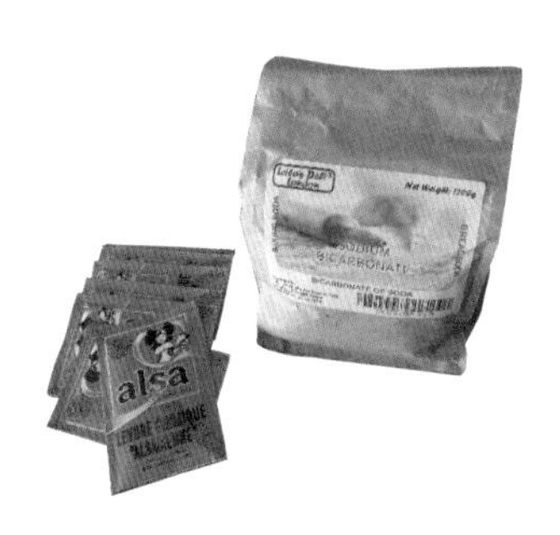

DOUBLE

RECIPE

20

双重巧克力美式曲奇

这是一款非常适合情人节的曲奇，使用了足量的巧克力。

做法简单，很适合新人学习制作。

而且小巧、耐存放，所以做礼物再好不过了。

想做甜味稍淡、有苦味的曲奇时，请使用可可含量约为50%的黑巧克力。

用喜欢的坚果来做曲奇，也是很享受的。

材料（35g曲奇，15个份）

无盐黄油…80g
牛奶巧克力…60g
白砂糖…120g
全蛋…1个
低筋面粉…115g
无糖可可粉…15g
泡打粉…1/8小勺
盐…1/8小勺
牛奶巧克力…60g
杏仁…60g

制作方法

1

黄油和牛奶巧克力放入碗中。

2

用600W的微波炉加热1分钟。

3

用打蛋器充分搅拌混合，使巧克力熔化。

4

放入白砂糖、鸡蛋。

用打蛋器充分搅拌混合。

放入盐。

5

把低筋面粉、泡打粉、可可粉过筛后加入碗中。

用刮刀充分搅拌混合至没有干粉。

7

用刀把杏仁、牛奶巧克力切碎。

8

留出少量装饰用，剩下的放进碗中，搅拌混合。

9

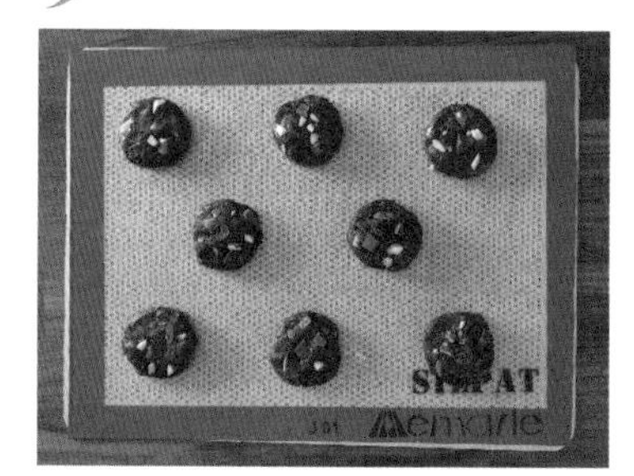

把面团揉成15个35g的圆形，摆在铺着烘焙纸或硅胶垫的平板上。

*把面团稍微弄碎点，做成扁平的圆形。

*以一块板上放8个为准。

10

撒上装饰用的杏仁和巧克力，放入预热到170℃的烤箱中烤10～15分钟。

POINT

饼干硬脆需烤10分钟，如果喜欢酥脆的饼干请烤15分钟。

Fruit

水果甜点

加入了四季水果的时令甜点有着家的味道，深受人们喜爱。

法国人很喜欢覆盆子，所以每家甜品店都有添加了覆盆子的甜点。

挑选水果的时候要观察水果的新鲜程度以及是否完全成熟，挑选喜欢的水果。

俗话说“最好的年糕是年糕店的”，所以最好让水果店的人帮助挑选。

随便触摸水果确认水果是否成熟，有可能会弄伤水果。

在法国的早市上，一边和店员交谈，一边把自己想要的，正在找的东西告诉他，

他会帮忙挑选最符合自己要求的水果。

请享受用喜爱的时令水果来制作甜点的过程。

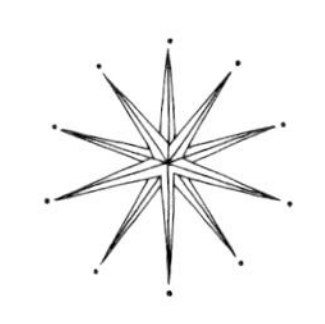

挑选适合甜点的水果

苹果

除了隐形蛋糕以外，苹果还会出现在各种甜点里。在法国一整年都可以买到苹果。最多的时候市场上摆着十多种苹果。走路时、地铁里、公司里经常可以看见啃苹果的人。隐形蛋糕里适合用酸味淡、口感软的苹果，在法国，名叫“金苹果”的苹果是最合适的，但是做法式苹果挞等较甜的甜点时，最好使用红玉等酸味明显的苹果。

草莓

书中的雷亚芝士蛋糕和拿破仑蛋糕使用了草莓，法国产的最有名的草莓品种是“Gariguette”。这种草莓的特点是形状细长，果肉鲜红，味甜。制作拿破仑蛋糕时，推荐使用酸甜均衡的草莓。

樱桃

樱桃克拉芙缇也是很受欢迎的甜点。虽说是樱桃，但没有用日本的本土品种，用的是类似美国樱桃的深紫红色樱桃，要选用甜度高的品种。

适合搭配的水果

除此以外，经常使用的水果有做糖渍水果的洋梨、桃，挞中的苹果、覆盆子、草莓等。慕斯蛋糕中常用百香果、杧果。百香果、覆盆子搭配巧克力也很美味。香蕉或菠萝用平底锅烤后，淋上焦糖酱可以做成甜点。菠萝也很适合代替苹果挞里的苹果。

此外，使用菠萝或奇异果时，其中的蛋白水解酶会分解蛋白质导致甜点无法凝固，所以最好加热后使用，或直接使用水果罐头。

MILLEFEUILLE AUX FRAISES

草莓拿破仑蛋糕

RECIPE

21

草莓拿破仑蛋糕

在日本很受欢迎的草莓拿破仑蛋糕。

正确的名字不是“Mille-fille”，而是“Mille-feuille”。

“mille”是一千，“feuille”是叶子，直译过来就是一千层叶子的意思。

法语中“fille”是指女孩、少女，

所以“mille-fille”就成了一千个女孩的意思，不要弄错哦！

拿破仑蛋糕是法国的代表性甜点。

可以使用市场上出售的酥皮，试着做一下。

材料（6个份）

牛奶…400ml
蛋黄…4个
白砂糖…100g
玉米淀粉…35g
天然香草精…1大勺（或人工香草精数滴）

酥皮…200～230g
鲜奶油…50ml
白砂糖…5g
草莓…200g

卡仕达酱的制作方法

1

牛奶倒入锅中，开火加热。

2

蛋黄、白砂糖放入碗中。

3

用打蛋器充分搅拌混合。

4

加入玉米淀粉搅拌混合。

5

把加热过的牛奶倒入碗中，搅拌。

6

把碗中所有食材充分搅拌混合在一起。

7

倒回锅中，开火加热。

8

同时用硅胶刮刀翻拌锅底，搅拌混合。

锅底温度升高，底部液体会结块，所以请持续均匀地翻拌。

9

开始沸腾后，在沸腾的同时继续搅拌混合30秒。加入香草精，充分搅拌混合至顺滑。

POINT

加热浓稠的食物时，即使底部沸腾了，上面的温度还很低，面团还没有加热好，请注意这点。如果这一步没能均匀加热，做出的卡仕达酱会有粉质感。

10

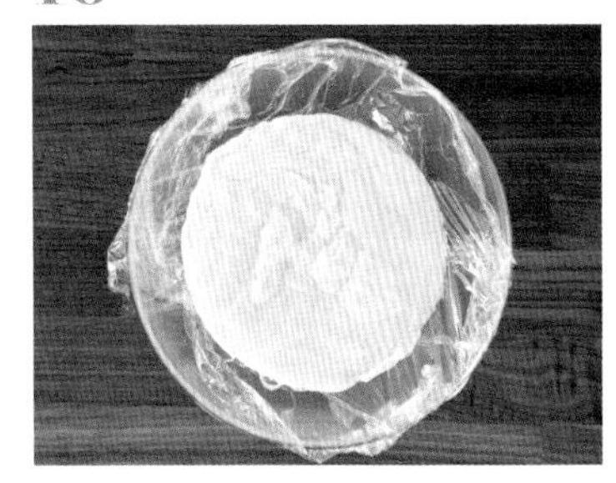

把卡仕达酱放入碗中，在表面裹上保鲜膜防止其变干，余热散尽后放入冰箱中冷藏。

酥皮的制作方法

1

将酥皮面团擀成和平板一样大，撒上白砂糖（分量外），放在平板上。

2

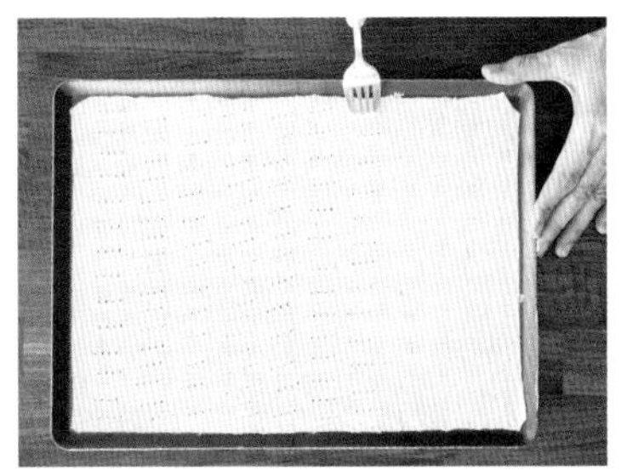

用叉子在面皮上扎满洞，放入预热到180℃的烤箱中烤10分钟，放上重物再烤10分钟。

POINT

为防止酥皮面皮膨胀过度，要用叉子扎上洞。烘烤时间过半时，要在酥皮上放上烘焙纸，纸上压上平板。压重物可以做出平整的酥皮。

3

酥皮冷却后把四边沿直线切平整，再把宽边3等分，长边6等分。

POINT

切酥皮时使用锯齿状的酥皮刀（图左），无须用力直接下压就可以切得整齐漂亮。

完成

1

冷藏过的卡仕达酱再用打蛋器搅拌，变顺滑后装入裱花袋中。

2

草莓竖着切成薄片。按酥皮、卡仕达酱、草莓的顺序叠放。

3

再按卡仕达酱、酥皮的顺序加叠。这一操作再重复一次。

4

上面撒上少量糖粉（分量外）。在鲜奶油中加入白砂糖，打至八分发，放入裱花袋中，把奶油挤在蛋糕上，最后装饰上草莓。

Column

方便使用的工具

刀具之王

现在向大家介绍一下我日常使用的刀具。左下图中从左向右依次是佩蒂小刀、牛刀、切筋刀。三把刀具都是日本制造的。佩蒂小刀在精细操作时使用，如在甜点制作中，需要把水果整齐地切开时用它。牛刀是万能刀具，可以用来切蔬菜、肉、鱼等所有东西。

切筋刀的形状窄细狭长，除了把肉、鱼、火腿切成薄片之外，剔除肉筋、鱼皮时也经常用它。

最右边的是磨刀棒，在刀具有些变钝时用来磨刀。但是每两周需要用砥石认真打磨一次磨刀棒。

佩蒂小刀和切筋刀的使用寿命约为15年。即使在法国，刀具之王仍是日本刀具。原因是日本刀具不易变钝。

想整齐地切开草莓拿破仑蛋糕时，适合用锯齿状的面包刀。右下图中的这把刀是德国造的。

左起：佩蒂小刀、牛刀、切筋刀、磨刀棒。

切拿破仑蛋糕用的锯齿面包刀。

CLAFOUTIS AUX CERISES

樱桃克拉芙缇

RECIPE

22

樱桃克拉芙缇

初夏时节，樱桃开始上市，

法国家庭在这时经常会做克拉芙缇。

做法非常简单，摆好樱桃，把鸡蛋、砂糖、牛奶、小麦粉倒入模具中，再放入烤箱中烤。

除樱桃以外，放入草莓、苹果、香蕉等也很美味，

每个人都会爱上这种自然纯正的味道吧。

材料（直径21～22cm的圆形模具，1个份）

樱桃…40个
全蛋…2个
白砂糖…80g
盐…1小撮
低筋面粉…50g
熔化的黄油（无盐）…20g
牛奶…200ml
鲜奶油…50ml
天然香草精…1大勺（或人工香草精数滴）
樱桃酒…1大勺

制作方法

1

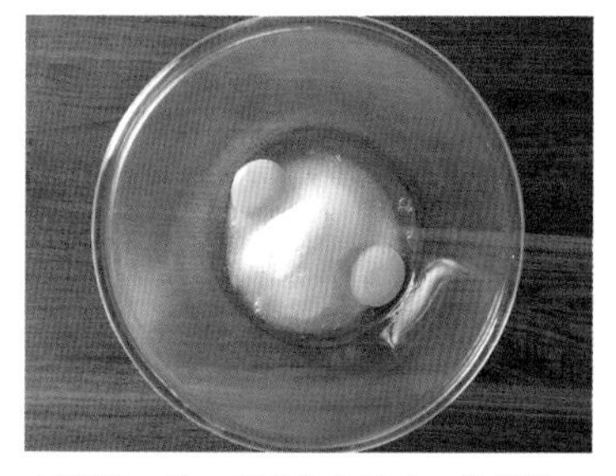

白砂糖、盐、鸡蛋放入碗中，搅拌混合。

2

加入低筋面粉搅拌混合。

3

加入熔化的黄油。

4

牛奶、鲜奶油、香草精放入碗中，用打蛋器搅拌混合。

5

加入樱桃酒后再搅拌。

樱桃酒是把樱桃发酵蒸馏做成的白兰地酒，香味宜人，制作甜点时经常用到。涂在蛋糕上的糖浆中经常会加入少量樱桃酒，加在卡仕达酱中也很好。

6

樱桃去核。

*用樱桃去核器很方便，也可用小叉子代替。

7

在模具中涂上少量熔化的黄油（分量外），把樱桃摆在模具里，注入搅拌好的面糊。

8

放入预热到180℃的烤箱中烤45分钟。烤好后在常温下冷却。

9

完成。分切成便于食用的大小。

按照喜好也可以撒上适量的糖粉。微热的时候很好吃，放进冰箱中冷藏后食用也很美味。

樱桃去核

做樱桃克拉芙缇等，要给大量樱桃去核，这时使用专用的樱桃去核器非常方便。此外，法国常见的削皮器“econome”也可以用来代替。吃螃蟹时使用的螃蟹叉也可以轻松去核。

樱桃去核器（图左）。
削皮器“econome”（图右）。

图书在版编目（CIP）数据

来自巴黎的家庭烘焙书 / (日) 安默杰著；陈昕璐译. -- 海口：南海出版公司, 2018.11

ISBN 978-7-5442-9428-7

Ⅰ. ①来… Ⅱ. ①安… ②陈… Ⅲ. ①烘焙—糕点加工 Ⅳ. ①TS213.2

中国版本图书馆CIP数据核字(2018)第221807号

著作权合同登记号 图字：30-2018-120

LAIZI BALI DE JIATING HONGBEI SHU

来自巴黎的家庭烘焙书

策划制作：北京书锦缘咨询有限公司（www.booklink.com.cn）
总 策 划：陈 庆
策　　划：邵嘉瑜

作　　者：〔日〕安默杰
译　　者：陈昕璐
责任编辑：雷珊珊
排版设计：柯秀翠
出版发行：南海出版公司 电话：（0898）66568511（出版）（0898）65350227（发行）
社　　址：海南省海口市海秀中路51号星华大厦五楼 邮编：570206
电子信箱：nhpublishing@163.com
经　　销：新华书店
印　　刷：天津市蓟县宏图印务有限公司
开　　本：889毫米×1194毫米 1/16
印　　张：8
字　　数：103千
版　　次：2018年11月第1版 2018年11月第1次印刷
书　　号：ISBN 978-7-5442-9428-7
定　　价：58.00元